JN135701

モビリティと人の未来

——自動運転は人を幸せにするか

序 自動運転とモビリティ

須田英太郎

かつてインターネットは情報のあり方を大きく変えた。情報を伝えるための限界費用[1]が下がり、出版やテレビ、新聞といった商品として情報を扱う業界だけでなく、情報をやり取りするすべての産業(小売や金融、教育など)に劇的な変革をもたらした。本書で扱う自動運転[2]は、かつてインターネットが社会に起こした変革と同じか、それ以上の変化を私たちの生活にもたらすだろう。なぜなら自動運転は「人と物の移動」にかかる限界費用を大きく下げ、その「人と物の移動」は「情報」と同じように、私たちの生活や交友関係、コミュニティの基礎となっているからだ。

私たちは太古の昔から、人が移動して人と出会うことでコミュニティを維持・拡大し、物が移動して必要な人のもとに渡ることで文化的な生活をおくってきた。また、町並みや都市の構造、国土を覆う交通インフラは、歩行者や自動車、鉄道といった自動運転でないモビリティ(移動体)が「人と物の移動」を担うという想定のもとで作られてきた。そのため「人や物の移動」の限界費用を下げる自動運転は、公共交通や自家用車、運輸システムに大きな変革をもたらすのはもちろん、道路や建築物の構造、そして町並みやライフスタイル、コミュニティのあり方さえも変える可能性を秘めている。約40年前のインターネット黎明期に今の生活を予測するこ

[1] 製品やサービスを生産するときに、生産量を一単位増やすために追加でかかる費用。一般に人の手が必要なサービスや物理的な製品を生産するサービスよりも、デジタル商材のほうが限界費用が低い。

[2] 行政などでは「自動走行」が用いられるが、本章ではより一般的な文脈で使用される「自動運転」という言葉を用いる。

とができなかったのと同じように、私たちが自動運転の普及した未来を想像することは難しい。「自動運転」という言葉が社会の耳目を集めるようになって以来、人々は期待・不安・無関心という3つの反応を見せてきた。交通渋滞の改善や、事故の削減、運送業界の人手不足の解消といった効果が期待されている一方で、ドライバーのいない完全自動運転車に不安を感じたり、運転する楽しみを味わえなくなるのではないかと危惧したりする声も見られる。

昨今、人生100年時代と言われ、2050年には高齢者が人口の37%を超えることが予測されているが[3]、それらの高齢者を含むすべての人が活き活きと暮らすためには、すべての人が快適に移動して交友を育み、必要な物にアクセスするための社会インフラが必要である。社会問題となっている「買い物難民」も、自動運転を用いて安価で多様な移動サービスが提供できれば減らすことができるだろう。

自動運転がもたらす社会の変化は、私たちを幸せにするのだろうか。その変化を正しく洞察し、このテクノロジーがより良い社会をもたらすよう促すには、どのような議論が必要なのだろうか。そこで話されるべきことは決して、業界が繰り広げる開発競争の動向や、各国政府の法整備の状況だけであってはならない。人文科学、社会科学、建築、人間工学など、様々な分野の知見を動員して、近い未来から遠い未来まで幅広いレンジで社会の変化を捉える必要がある。本書は自動運転の技術動向を論じる本ではなく、自動運転を切り口に未来社会のあり方を洞察する本である。

[3] 平成29年版高齢社会白書（厚生労働省HPより）

自動運転とは

日本政府も採用しているアメリカの自動車技術者協議会（SAE）の定義【4】によれば、自動車の自動化のレベルはレベル0からレベル5の6段階に分けられる。

【4】2016年9月に米SAE International が定めたJ3016による。

レベル	概要	安全運転に係る監視、対応主体
運転者が全てあるいは一部の運転タスクを実施		
レベル 0 運転自動化なし	◉運転者が全ての運転タスクを実施	運転者
レベル 1 運転支援	◉システムが前後・左右のいずれかの車両制御に係る運転タスクのサブタスクを実施	運転者
レベル 2 部分運転自動化	◉システムが前後・左右の両方の車両制御に係る運転タスクのサブタスクを実施	運転者
自動運転システムが（作動時は）全ての運転タスクを実施		
レベル 3 条件付運転自動化	◉システムが全ての運転タスクを実施（限定領域内） ◉作動継続が困難な場合の運転者は、システムの介入要求等に対して、適切に応答することが期待される	システム（作動継続が困難な場合は運転者）
レベル 4 高度運転自動化	◉システムが全ての運転タスクを実施（限定領域内） ◉作動継続が困難な場合、利用者が応答することは期待されない	システム
レベル 5 完全運転自動化	◉システムが全ての運転タスクを実施（限定領域内ではない） ◉作動継続が困難な場合、利用者が応答することは期待されない	システム

［図1］自動運転レベルの定義
官民ITS構想・ロードマップ2018より

須田英太郎（すだ・えいたろう）
2016年に自動運転の社会的影響とビジネスインパクトを考えるウェブマガジン「自動運転の論点」を創刊し、編集長を務める。2019年1月現在はscheme verge株式会社にて、モビリティサービスを起点に地域の観光と交流を促進する事業を瀬戸内で行っている。東京大学大学院総合文化研究科在籍。

２０１８年12月現在、市販されている自動車のほとんどはレベル０～２だ【５】。レベル０～２の自動車は、安全運転の責任が運転者にあり、レベル３～５はその責任が走行システムにある。注意が必要なのは、「レベルが上がるほど技術的な難易度が高い」と単純に言えるわけではないことである。ゴルフカートのように電磁誘導線の上を低速で走る自動車（レベル４にあたる）は、技術的難易度も低く、すでに石川県輪島市などで実証実験が行われた。一方で、通常はシステムが操舵し、異常時のみ運転者に運転が移譲されるレベル３は、突然対応することが困難なため実用化が難しいとも言われている。

１８８５年にダイムラーが、翌１８８６年にベンツが内燃機関による自動車を発明して以来、円形のハンドルやワイパー、車体の軽量化やオートマチックトランスミッションなど、新しい技術とアイデアが自動車をより快適で安全なものにしてきた。自動運転が技術的に可能になったのも、複合的な技術革新の結果である。走行時の状況を認識するためのＧＰＳやセンシング技術（カメラやレーザー等）、交通システムや他の車とコミュニケーションを取るための堅牢で大容量の無線通信、情報を処理し適切な判断を行う制御システムなどがそれにあたる。なかでも制御システムは、コンピューターの処理能力が上がり、「人工知能（ＡＩ）」と呼ばれる機械学習技術によって画像から素早く必要な情報を認識できるようになったことで飛躍的に高度化した。

実用化に向けた国内外の動き

世界の自動運転車の開発競争は、グーグル（Google）の自動運転車の開発部門がスピンアウ

【５】独Audiは２０１７年10月に一定条件下にてレベル３走行ができる自動運転車〝Ａ８〟を発売したが、２０１８年12月現在は保安基準が整備されておらずレベル３機能は使用できない。

トしてできたウェイモ（Waymo）や、全世界で配車サービスを展開するウーバー（Uber）といったIT企業と、従来の自動車メーカーとがしのぎを削りながら進めている。多くの自動車メーカーは、機械学習研究のスピードアップを図って開発部門をシリコンバレーに移動させ、数々のIT企業に出資している。これらのサプライヤーは、2019年や2020年を目途に「レベル3」「レベル4」の自動運転車の実用化を目指す。北米での公道試験の走行距離が1600万キロを越えた（2018年10月）Waymoを筆頭に、多くの企業が公道実験を進めている。

日本政府も自動運転にまつわる法整備に力を入れており、国内でも自動運転バス・タクシーや、小型モビリティ、自動運転による宅配といった公道実証実験が行われている。先端技術を用いて交通にまつわる課題を解決するための「高度道路交通システム（ITS：Intelligent Transport Systems）」に取り組む省庁連携体制が1990年代に作られて以来、現在まで省庁横断、官民連携での自動運転の推進が目指されている。政府は「Society5.0」【6】を科学技術の基本方針に掲げ、自動運転の実現はそのための重要な要素を占める。内閣府によれば、2020年までに限定地域での無人自動運転移動サービスを、2025年を目途に高速道路での完全自動運転車（いずれもレベル4）を実現することで、少子高齢化に対応した地方創生を進め、全国で高齢者などが自由に移動できる社会の構築を目指している【7】。

自動運転の社会的影響

自動運転が私たちの生活をどう変えるのかを考える際に重要なのは、私たちの生活の中での「移動」にどのような価値があるか考えることだ。目的地まで速く快適に行くこと、ハイキン

【6】2016年に閣議決定された第5期科学技術基本計画で提唱された未来社会の姿。IoT（Internet of Things）、ロボット、人工知能（AI）、ビッグデータ等の新たな技術をあらゆる産業や社会生活に取り入れてイノベーションを創出し、一人一人のニーズに合わせる形で社会的課題を解決する社会をさす。

【7】官民ITS構想・ロードマップ2017（内閣府HPより）

	レベル	実現が見込まれる技術(例)	市場化等期待時期
自動運転技術の高度化			
自家用	レベル2	「準自動パイロット」	2020年まで
	レベル3	「自動パイロット」	2020年目途
	レベル4	高速道路での完全自動運転	2025年目途
物流サービス	レベル2以上	高速道路でのトラックの後続車有人隊列走行	2021年まで
		高速道路でのトラックの後続車無人隊列走行	2022年以降
	レベル4	高速道路でのトラックの完全自動運転	2025年目途
移動サービス	レベル4	限定地域での無人自動運転移動サービス	2020年まで
	レベル2以上	高速道路でのバスの自動運転	2022年以降
運転支援技術の高度化			
自家用		高度安全運転支援システム（仮称）	2020年代前半

[図2]自動運転システムの市場化とサービスの実現について日本政府が発表した努力目標
官民ＩＴＳ構想・ロードマップ2018より

グやウィンドウショッピングのように周囲の環境を楽しむこと、ランニングのような身体を動かすこと、商店街の知人と立ち話をするようなコミュニケーション・出会いが生まれること、ドライブやツーリングのような操作を楽しむこと、必要な物を必要な場所に運ぶこと、アドカーのように多くの人の目に触れさせること。このように、移動には実に多様な価値がある[8]。自動運転は、単なる効率化・コストダウンのためだけではなく、このような多様な移動の価値を高めるための道具にならなくてはならない。

自動運転が一般的になれば、私たちの社会はどう変化するのだろうか。まず考えられるのは交通事故の減少だ。２０１７年に日本国内では３６９４人の方が交通事故で亡くなったが、自動運転によってヒューマンエラーが減れば、これらの事故は減少するだろう。一方で、２０１８年３月に米アリゾナ州テンピで起きたUberの自動走行車による事故のよ

[8] 交通政策では、時間の変化に対する支払い意思額のことを「時間価値」と呼んで指標化している。通常は時間を短縮することに対する支払い意思額を時間価値として扱うが、登山鉄道などより長い時間楽しみたいものに関しては、時間増加に対する支払い意思額を時間価値として扱う。詳しくは『交通の時間価値の理論と実際』加藤浩徳著（技報堂出版）など。

うに、自動運転車が引き起こす死亡事故がこれからも起きる可能性は大きい。

自動車業界のビジネスモデルも変わりつつある。これまで、自動車は「所有」するものであり、使わない時間には駐車場に置いていた。しかしその自動車が自動運転車であれば、オーナーが使わない時間には他の人を乗せて使用料を取るほうが経済的だ。そのようなシェアリングサービスや「無人運転タクシー」のような移動サービスが増えれば、車を所有する人は減るだろう。多くの自動車メーカーはそのような未来を想定し、自動車を販売する「製造業」から、「モビリティサービス会社」に転換することを宣言している。Google系列のWaymoが、アリゾナ州フェニックスで自動運転車の無料貸出を行っているのも、自動車を売ることではなく、利用者のデータを集めることで提供できるヘルスケアなどの新しいサービスに、ビジネスチャンスを見出しているためだ。世界の自動車メーカーの多くがUberのような自動車配車サービスに出資しているのも、自動車会社が移動サービスへの転換を視野に入れている証左といえる。

移動サービスのあり方として現在注目を集めているのが、カーシェアやバス、鉄道などを、ストレスなくシームレスに利用できるようにする「MaaS（Mobility as a Service）」だ。現在、公共交通で移動する際には、出発地から駅、駅から駅、駅から目的地という形で別々に移動手段を手配する必要がある。これをスマートフォンで一括して手配できるようにする試みがMaaSである。自動車業界だけでなく、鉄道や路線バスといった複数のステークホルダーの連携が必要とされている。

自動運転は、車椅子やセグウェイのような、小型のパーソナルモビリティでも実現するかもしれない。これまで移動を制限されていた高齢者や障がい者、子供、外国人観光客、飲酒した人などが、それぞれの都合や身体的特性に合わせて自由に移動できるようになることの社会的価値は大きい。

多くの人が安価な自動運転モビリティを使うようになっても、道路の最大交通量の制約から、鉄道や飛行機のような公共交通は今後も活用されるだろう。すべての交通がオンデマンドのモビリティによって代替されることは考えづらい。VRの発達で人の移動そのものが減る、3Dプリンターの普及で物の移動そのものが減るということが起きるまで、鉄道や飛行機のような大量輸送交通は利用され続けることが予想される。

多くの人が自家用車を使わなくなり、駅前の駐車場や自宅のガレージに自動車を駐めなくなれば、自動運転によって移動する商業施設がそのスペースを埋めるかもしれない。現在のキッチンカー（フードトラック）のような移動体で、個室の映画館やバーのようなサービスを提供し、必要なときに必要な場所へそのスペースを届けることができるかもしれない。宅配便の受取施設が移動すればオンデマンドの宅配便受取施設【9】になり、医療機器が移動すればオンデマンドのセルフ診療サービスになり、3Dプリンターが移動すれば欲しいものを自分用にデザインして自宅ですぐに作ることのできるサービスになる。

また、街を走る自動車の多くが相互につながり合う自動運転車であれば、災害時の避難も効率化することができる。実際に東日本大震災では、被災地の道路で通過可能な場所がどこかを調べるために、自動車会社が提供した車の走行データが活用された。将来的には分散した自動運転車同士がリアルタイムに交通状況を共有しながら、最適なルートで住人を避難させることも可能になるだろう。

もちろんこれらの自動運転モビリティは、ドローンのような空を移動するものである可能性もある。このように少し遠い未来に思いを馳せれば、自動運転は決して自動車メーカーや自動

【9】 2018年4月にヤマト運輸とディー・エヌ・エー（DeNA）が神奈川県藤沢市で実証実験を行っている。

車ユーザーだけにとっての問題ではなく、私たちすべての人の生活に関わる問題だということが分かる。自動運転がもたらすものは単なる「便利で安全な自動車」ではなく、人の物の移動によって成り立つ私たちの生活の劇的な変化なのだ。

自動運転を議論するときに考えるべきこと

ディープラーニング【10】によって膨大なデータをもとに判断基準を自ら学習した自動運転システムは、エンジニアにとってもブラックボックスである。自動運転システムの判断基準を人間にとっても説明可能なようにし、重み付けの基準を慎重に定める必要がある。こういった自動運転システムの不透明性は、社会の自動運転車への忌避感にもつながりかねず、「安全」と「安心」が大きく異なるものであることを踏まえた法整備が必要だ。こういった自動運転の社会受容性については、第1章の科学技術社会論に詳しい佐倉統と自動運転研究者である大前学との対談「自動運転は人を幸せにするか」で取り上げる。また、第2章では、「安全学」を提唱した哲学者の村上陽一郎が安全と安心の違いという観点から、自動運転を社会に実装する際の注意点について論じている（第2章「安全と安心の狭間で」）。

第二次世界大戦後のモータリゼーションの時代に、日本の国土には自動車での移動を前提とした交通インフラが整えられてきた。経済学者の宇沢弘文は、交通事故対策や環境対策、道路の維持費などは自動車の通行にともなう社会的費用であり、自動車の利用者の負担を増やすべきだと主張したが、これまで交通インフラは自動車の利用者による負担だけではなく、税金からも拠出して維持が行われてきた【11】。私たちの社会生活はこのような交通インフラを用いた

【10】コンピューターに大量のデータを読み込ませることで、データに含まれる特徴を自動で学習させる機械学習の手法。標識や歩行者の認識など、自動運転車が外部環境を把握するために用いられている。

【11】『自動車の社会的費用』宇沢弘文著（岩波新書）

物流によって支えられてきたが、全国的な人口減少が進む現在、インフラを維持・整備するための予算を確保することができなくなってきている。第3章「『自動運転時代』と日本の戦略」では古谷知之が、自動運転車や自動運転ドローンを経済成長のエンジンにしながら、人口減少社会を活性化するための国家戦略を考察する。

自動運転車を効率的に走らせるには通信によってクルマ同士やクルマとシステムがつながることが必要だが、それにはどのようなセキュリティ上の課題が生まれるのだろうか。第4章では、国際モータージャーナリストで内閣府の戦略的イノベーション創造プログラム（SIP）自動走行システム推進委員会の構成員である清水和夫が、クルマがネットワークに接続されることで生まれる価値と、そのセキュリティの課題について論じている（第4章「つながるクルマと自動運転が社会イノベーションをもたらす」）。また、安全性を高めるためのシステムづくり・法整備に関しては、早くから自動操縦システムを導入し、ヒューマンエラーを減らすためのシステムを作り上げてきた航空業界から学ぶことも多い（第5章村山哲也「空の世界に学ぶ、自動運転をとりまくシステム」）。

自律的に挙動する自動運転モビリティには、搭乗者や周囲の歩行者、他のドライバーを不安にさせないようなヒューマンマシンインターフェースが必要になる。いくつかの自動車メーカーも、音声認識によって搭乗者と対話する自動車のコンセプトムービーを作り、自動車と人間とのコミュニケーションに深みと親密さをもたらそうとしている。冒頭の対談（第1章「自動運転は人を幸せにするか」）では長年自動運転の研究に取り組む大前学が、自身の実験を紹介しながら、誰でも理解できるインターフェースを作ることの難しさについて述べている。また、デジタルゲームのＡＩ開発を行う三宅陽一郎は、自動運転車と人間とのインタラクションが、ゲームのノンプレイヤーキャラクターとプレイヤーとのインタラクションと類似していることに注目する。自動運転車の環境認知や、周囲の人とのインタラクションを考える上で、コンピューターによって制御されるノンプレイヤーキャラクターが、それぞれの身体に応じた環境認識をしながらプレイヤーの動きと連動して行動するデジタルゲームに学ぶことは多い（第6章「ゲームAIから見た自動運転」）。ヒューマンマシンインターフェースについては他にも、人がコミュニケーションを取りたくなるようなソーシャルなロボットを研究する岡田美智男（おかだみちお）が、人と自動運転車との間に生じるコミュニケーションをどのように設計すべきかについて論考を寄せている（第7章「ロボットとしての自動運転システム〈もうひとりの運転主体〉とのソーシャルなインタラクションにむけて」）。

近年、自動車メーカーの中には、自動運転が実現する時代を見据えて「製造業」から「モビリティサービス会社」への転換を宣言する企業が出てきている。Googleのような巨大IT企業もモビリティサービスを手がける中、人々に必要とされるモビリティサービスを開発するにはどのようなプロセスを取ることが重要なのだろうか。第8章「自動運転はイノベーションのジレンマを超えるか」では、イノベーションワークショップを企画・運営する嶂南達貴（やまなみたつき）が、産官学民が一体となって新たな価値を創出する方法を提案する。

これまで、全国的な交通インフラや町並み・建築物は、手動運転の自動車を前提に作られてきた。とりわけ日本の都市計画は自動車の交通が重視され、欧州などと比較して歩行者にとっての快適さが無視されがちであることが指摘されている。自動運転が普及し、「人や物の移動」が変化すれば、都市の形や建築のあり方も変わる。第9章、第10章では、建築家の山本理顕（やまもとりけん）（「人間の自動運転——建築家の視点から」）と都市研究者の五十嵐太郎（いがらしたろう）（「建築／都市は自動運転をどう受け止めるか」）が、自動運転時代の町・建築のあり方について考察する。

第2部（第11章〜第16章）では、自動運転によって大きな変化が起き始めている5つの領域（公共交通、交通事故対策、運輸、農業、電力）について、専門家6人がこれまでの取り組みと今後の動向を考察する。

第11章「自動運転・シェアリングエコノミーと地域公共交通」では、鉄道廃線後の町づくりについて、持続可能な交通システムに詳しい加藤博和が論じる。地域の公共交通はその地域の財産であり、地域自らが守り育てていくべきものだ。そのためには、公共交通を担う事業者が、単に運ぶことを目的とする運送事業者という枠にとらわれず、「移動すること自体の楽しさ」や「移動先の楽しさ」を提案することが求められている。

第12章「本当に必要な高齢ドライバー対策は何か」では、事故対策について再考する。昨今、高齢ドライバーの事故が話題になることが多いが、自動運転によってヒューマンエラーによる事故は減ることが予想される。自動運転の普及が高齢ドライバーの事故対策にどのように役立つのかを知るためにも、まずはその実態を適切に把握する必要がある。疫学の研究者である市川政雄が、現在の高齢ドライバー対策の問題点を指摘。海外の事例を参照しながら、改善案を考察する。

第13章「高齢者や障がい者の生活を変えるパーソナルモビリティ」ではパーソナルモビリティのシェアによって提供される公共交通の新しい姿について、つくばで実証実験を進める松本治が論じる。セグウェイや電動車いすのようなパーソナルモビリティを用いて町の移動を設計することができれば、高齢者の移動手段を担保することにもつながるが、技術開発や法整備における課題も多い。

第14章「ICTで運輸の人手不足を解消する」では、運輸デジタルビジネス協議会の事務局長を務める小島薫が、現在の運輸業界が抱える課題と、それを解決するための業種を超えた取り組みを紹介。自動運転やIoTによって運輸業界の人手不足を打開する戦略について述べる。

第15章「農業の自動化で人手不足は解消されるか」では、株式会社クボタの飯田聡が、自動運転をはじめとするロボティクスやICTが農業の人手不足にどう貢献し、今後の農業がどのように変化するかを描く。農地集約が進む日本の農業において、自動化・無人化された農機を導入するメリットは大きい。圃場一つ一つの面積が小さい日本ならではの技術的課題の解決や、導入障壁を下げるための仕組みづくりはどのように進めるべきなのだろうか。

第16章「新時代のモビリティを電力事業から考える」では、志村雄一郎が今後のモビリティと電力事業との関係性を考える。環境保全の観点から電動車が注目されているが、発電方法や電力の供給のされ方とともに議論されなくては、電動車の価値を正しく測ることはできない。高級電気自動車で知られるTeslaなど、電力事業に力を入れる自動車メーカーも多く、これまで変化が乏しいとされてきた電力事業も転換点を迎えつつある。海外の事例を参照しながら、電動車を活用した今後の電力事業のあり方を模索する。

私たちの生活において「移動」に思いを寄せることは少ない。それはあまりにも「当たり前」なこととして、私たちの生活の基礎となっているからだ。自動運転がもたらす「人と物の移動」の限界費用の低下は、この「当たり前」を大きく改変するだろう。本書のタイトルを『モビリティと人の未来』としたのも、自動運転が劇的な変化をもたらすのが「移動」という私たちの社会生活の基礎だからである。自動運転によって「移動」にまつわる社会現象を変えることができるのであれば、私たちはどのような価値を生み出すためにこのテクノロジーを使い、どのような未来を描くのだろうか。それは誰にとっても他人事ではなく、自分自身の生活にもたらされる変化である。本書に寄せられた複数分野の専門家の論考が、読者の未来洞察に役立てば幸いだ。

モビリティと人の未来

——自動運転は人を幸せにするか——

もくじ

第2部 モビリティと産業の変化 153

第1部

自動運転の論点

1 対談◉自動運転は人を幸せにするか

佐倉統×大前学

新しい技術が社会に現れたとき、人はどのような反応を見せるのだろうか。科学技術社会論を専門とし進化生態学に詳しい佐倉統と、自動運転研究者の大前学とが対話する。自動運転車との接触は私たちの生活に何をもたらし、人はその技術に何を感じるのか。

新しいテクノロジーはどうやって社会に受け入れられるのか？

百年前は「自動車」も新しい技術だった。一九世紀前半のイギリスでは、内燃機関で動く自動車が「蒸気機関車法」によって取り締まられ、100メートル先を行く先導者が赤い旗を持って歩くことが義務付けられていた。しかし今では毎年1億台近い自動車が生産され、ヒトやモノの移動を支えると同時に、年120万人もの交通事故死者を生み続けている。百年前は新しい技術だった「自動車」や、これからの新しい技術である「自動運転」は、どのように社会に受け入れられるのだろうか。

技術は社会的に形作られる

佐倉　これほど交通事故が起きているにもかかわらず、自動車が使用され続けているのは、技術の普及には「経路依存性」という、過去に選択されていったん普及したものがその後も定着し続ける作用があるからです。自動車ができてから百年以上が経ち、物流や人の移動といった社会のシステムが、自動車を前提として作られてきました。そのため人がたくさん亡くなってはいるものの、自動車がなければ社会がなりたたないという認識を皆さんが持っています。経済学者の宇沢弘文さんが1974年に『自動車の社会的費用』という本を書かれています。ここでは、自動車を活用するために社会が払っているコストが列記されているのですが［1］、やはりとても大きい。それでも私たちが自動車の利用をやめないのは、社会のあり方そのものが自動車に支えられているからです。

大前　交通事故は特に大きなコストですよね。交通事故による死者は、日本では年3000人台まで減りましたが、世界では120万人に及んでいます。それでも自動車が社会にもたらしているメリットはとても大きい。

　私の指導教員だった井口雅一（いぐちまさかず）先生（東京大学工学部名誉教授）が、最終講義で「今自動車が発明されたら、絶対普及することはない」と言っていました。これほど事故で人が死んだり怪我したりする製品は自動車以外にはないでしょう。消費者の力が強い今の時代の発明品だったら、世の中からボコボコにされて消え去るだろうと。

佐倉　そうですね。どんな技術も、ポンと出てきてそのままの形で社会に受

［1］事故や振動や騒音などの公害はもちろん、歩道橋によって弱者の移動が困難になること、交通安全のための警察の任務にかかる費用なども含まれている。

佐倉統（さくら・おさむ）
東京大学大学院情報学環教授、理化学研究所革新知能統合研究センターチームリーダー。生物学史・脳神経倫理学・科学技術社会論などを含めた研究活動を展開中。著書に『現代思想としての環境問題』（中公新書）、『進化論の挑戦』（角川書店）、『人と「機械」をつなぐデザイン』（東京大学出版会）、『「便利」は人を不幸にする』（新潮選書）など。

大前学（おおまえ・まなぶ）
慶應義塾大学政策・メディア研究科教授。自動車の自動運転システム、自動隊列走行システム、遠隔操縦システム、高度運転支援システムなど自動車交通の知能化、情報化に関する研究を行う。

け入れられるわけではありません。昔流行ったポケベルも、もとは電話番号を知らせるためのものだったのに、いつのまにか暗号みたいにしてショートメッセージをやりとりするようになりました。新しい技術は社会で使われていくうちに、開発時とは異なる使い方が考案されて、使うことのベネフィットが大きくなりリスクやコストが減っていく。そうして形ができあがっていきます。自動車や自動運転も同じです。

大前　そうですね。自動車も変化してきました。まだまだ多い事故死者数を見ると、運転支援システムや自動運転によって、自動車という製品も二一世紀にふさわしい安全性にならなくてはいけないと感じます。

佐倉　自動運転も、当然新しい技術だから失敗もあるしコストもかかります。でも、何か事故が起きてしまったからすぐ全否定するというのでは、大きな利益を社会が得られなくなる。その辺のバランスは開発者だけでなく、一般ユーザーも一緒に考えていくべきことです。自動運転が世の中で定着していくなかで、どういう使われ方をしていくのかということに関して、皆で柔軟に考えなければなりません。

社会が新しい技術を最大限活用するために

大前　自動運転が普及すれば事故が減るでしょう。もし交通事故による死者が5000人減ったとしても、自動運転の誤動作で5人が亡くなる事故が起これば、社会から大きなバッシングを受けるはずです。4995人を救ったんだから温かく受け入れようよという気持ちにはならない。

例えばタカタのエアバッグもそうでした。エアバッグのおかげでたくさんの人が救われましたが、暴発事故で亡くなった方が出て、同社は相当なバッシングを受けました。自動運転も人命がかかっているから、事故があったらメーカーは責任が厳しく追及されます。そういったリスクを冒してまで販売する必要があるのだろうかと疑問視するメーカー関係者は少なくないと思います。

佐倉　そうですよね。別の話になってしまい恐縮ですが、製薬業界も似たような状況にあります。製薬会社は、大きなコストを払って新しい薬を作っても、何か事故があったときに大きく叩かれる。そのせいで新薬開発のインセンティブが湧かず「既存の薬だけで儲けよう」ということになり、途上国などでの新しい病気をカバーできなくなっている。

これはメーカーだけでなくマスメディアや市民にも責任があります。短期的な目の前のリスクばかりを捉えてしまっているせいで、長期的な大きい利益の可能性を閉ざしてしまっている。

大前　自動運転についてもそれに近いものがありますね。

佐倉　掃除ロボットのルンバもそうでした。日本のメーカーも技術的には簡単に作れたわけですが、「仏壇のろうそくが倒れたらどうする」といった目の前のリスクを考えて、研究開発を自粛していた。一方でルンバのアイロボット（iRobot）社は、とにかく市販してみて、批判されたらそれに応えるというやり方をとりました。それがヒットしたので、今は日本の会社もこぞってお掃除ロボットを作るようになっています。

今の日本の社会って、ちょっとしたリスクにとてもセンシティブなんです。

大前　その通りですね。ただ、車と薬に関しては人命がかかわるので、ユーザーを守ることを第一にすべきだとも思います。テスラの自動運転機能はまだレベル2ですが、提供当初は手放しで放置していても走行したため、誰も運転席に座らずに後部座席でチェスをしているような動画がYouTubeに投稿されました。しかし2016年には実際に死亡事故が起きてしまった。一方で、日本メーカーの自動運転機能は手放ししているとアラートが鳴り、自動運転モードが切れるようになっています［2］。

薬は苦しんでいる人がいるのでどんどん開発して欲しいですが、自動運転はなくて苦しんでいる人がいるわけではないので、慎重になるのは良い努力だと思います。テスラのような乱暴なやり方をみていると、日本のメーカーは実直で偉いなと。

［2］国土交通省の安全基準は、ドライバーが65秒手を離していると手動運転に切り替えるよう義務付けられている。

安全と安心の違い――人はどうリスクを認知しているのか

大前　佐倉先生は、自動運転の実験車両に乗られてどう感じましたか？

佐倉　楽しかったです。とても興奮しました。

大前　被験者のリアクションは概ね好意的なんです。一方で「自動運転は怖い」という声を聞くこともあります。新しい技術に対する「ちょっと怖いな」という感覚はどうして起こるのでしょうか。

佐倉　「怖い」とか「不安」という心理的なリスクの感覚と、数理的に客観的に評価したリスクとはズレがあります。飛行機事故なんて確率論としてのリスクはとても小さいのに、自動車に乗るより怖く感じてしまう。実際は自動車事故で死ぬ確率のほうがよほど高いわけです。原発事故も同様で、客観的な評価で言えばリスクは小さいですが、心理的にはとても大きく感じてしまう。

ここには二つの要素が関わっていて、一つは馴染みがあるかどうか。よく知っている人に約束を破られても許せますけど、初めての人だと「なんだあいつは、失礼な」となりますよね。自動車が事故を起こしたら、うっかり事故なのか、テロなのか、故障なのか、すぐに原因が分かります。一方で、自動運転車は未知の領域が大きい。馴染みのなさ、新奇性そのものに社会は忌避感を感じるんです。

もう一つは「自分がコントロールできる範囲がどれくらいあるか」です。自動車は自分でコントロールできるけど、飛行機はできない。だから心理的なリスクが大きく感じられるんです。自動運転は自分でコントロールできる余地が小さいですから、より不安に感じるのかもしれません。

大前　乗っている人には、どんな仕組みで自動化されているのかが分からないんですよね。そういったドライバーの不安を取り除くために、自動運転車が何を考えているのかをドライバーに分かりやすく提示する方法が模索されています。

今はハイテク感があるから自動運転はチヤホヤされていますが、社会に馴染んでいくにつれて社会の目は厳しくなるのではないでしょうか。自動技術って、寿司ロボットと同じでコストダウンの手段でしかないじゃないですか。自動運転タクシーの会社も、職人を使わずに寿司ロボットを使うのと同じような営利主義だと捉えられる。事故を起こせば当然、「会社が人件費を抑えるために使った自動運転車で、どうしてうちの子が死なきゃいけなかったんだ」と批判されるわけです。

自動運転がありがたがられるのは今だけで、いずれ「自動システムには価値がない。むしろ人間が運転してくれたほうがありがたい」と思うようになるでしょう。革製品も、工場できたものより職人が手縫いでやったほうが価値があるように感じる。人が時間を割いて運転してくれたと思えるほうがありがたくなってくると思いますよ。

佐倉　そうかもしれませんね。ブレインマシンインターフェース【3】の社会受容性の調査をしたことがあるのですが、多くの人が技術の説明だけを聞くと「ヤバイ」「怖い」「危なそう」というリアクションをします。でも「これを使うとこういう病気が治ります」とメリットも併せて提示すると、「いいんじゃない?」という反応になる。

新しい技術であることに真新しさを感じているだけだったら、そのうち反応は悪くなりますけど、自動運転のシステムを使うことで社会が得られるメリットが明確になってくれば、受け入れられるようになると思います。

自動運転の課題

自動運転が実用化されるまでには、解決すべき技術的・制度的課題がまだ多く残されている。私たちは車を運転したり街を歩いたりするとき、人間らしい臨機応変さで次の行動を選択している。対向車のドライバーの顔を伺い、横断中の歩行者がいれば好意的な表情やジェスチャーで先を譲り、ときには事故を防ぐために法律を破ることさえある。こういった車と人とのコミュニケーションや交通ルールについての問題は、今後どのように解決されていくのだろうか。

【3】脳の情報を直接読み取って解読し、接続した機械を動かす技術。運動性の障がいを持つ人のリハビリや生活復帰に役立つ期待が高まっている一方、他人の脳を外から操作できることにもなり、さまざまな倫理的側面が懸念されている。

自動運転車は交通ルールを破れるのか？

佐倉　先日聞いた話なのですが、一般道から高速道路に合流するときの加速車線って特に表示がなければ法定速度の時速60キロしか出しちゃいけないそうですね。あそこを60キロ以下で走って、高速道路の車線に合流した瞬間にアクセルを踏み込んで100キロにしなくちゃいけない。でも私たちは普通、加速車線で本線と同じくらいの速度になるよう加速しますよね。あれは厳密に言えば道路交通法違反なんです。

大前　そうだったんですか（笑）。法定速度を守っていると他のクルマの邪魔になる状況はよくありますよね。

佐倉　はい。法律で決まっていることと、社会の中で習慣と常識に基づいて運用していることにギャップがあるんですよね。その他にも、より大きな事故を防ぐために、進入禁止の場所に入らなければならないことだってあります。「何を優先すべきか」という重み付けの判断は、機械には非常に難しいですよね。あらかじめプログラムに「法律を破ってもいいぞ、破らなければダメだぞ」というのを入れておいて良いのでしょうか……。

大前　クルマに法律そのものはインプットしませんけど、最適な行動をインプットすると、法律が蔑ろにされてしまうということは十分ありえます。また、ＡＩで最適な行動を学習させるようなやり方であれば、法律を破って安全を優先させるような選択をＡＩが学習することもあると思います。

以前行った実験で面白い出来事がありました。大学構内の実験施設で自動運転車が決まったコースをぐるぐる回る実験です。実験協力の学生が乗ってはいますが、運転はしていません。

信号のない交差点で左から業務用のトラックが来ました。トラック側が優先道路なので、自動運転車はそれを認識して停止しましたが、一方でトラックの運転手も変なアンテナの付いた不思議なクルマが来たから譲ろうと思って止まった。どちらも止まったまま動かなくなったので、たまりかねた学生が、「どうぞ行ってください」とトラックの運転手にジェスチャーをして先に行かせたのです。トラックがいなくなって、やっと自動運転車は動き出しました。

佐倉　面白いです。厳密に法律を守ることだけをインプットしていると、円滑な走行ができなくなるんですね。人同士でも同じ方向に道を譲り合ってしまうようなことがありますよね。こういったロックイン状態を避けるための判断は、どうすれば自動化することができるのですか？

大前　例えばですが、譲り合った場面で3秒間お互いに動きがなければ、ちょっと頭を出して相手の出方を見るみたいなプログラムにする必要があるかもしれません。停止する前にも、相手側のクルマの速度や、減速行動の有無といった条件を入れて判断させることができます。そうやって数理的な条件をこちらでインプットしても良いですし、学習型のAIにいろんな条件を再現して学習させれば、「ここでは行く」「ここでは行かない」というのを学習して自動的に判断するようになります。

左から来るトラック（画面外）にジェスチャーをする実験協力の学生／著者提供

自動運転車は人とどうコミュニケーションするのか

佐倉　ではこの学生がしている「お先にどうぞ」のジェスチャーの部分は、自動運転車だったらどうするんでしょうか。

大前　「お先にどうぞ」をどう伝えるかという実験も、いろいろな研究機関で試みられています。私がやったのは、クルマに『きかんしゃトーマス』みたいな目をつける実験です。

文字で「お先にどうぞ」と表示するだけだと、誰に言っているのかわからない上に、日本語

自動車に目玉をつけることで自動運転システムが歩行者を認識していることを示す実験／著者提供

がわからないと読めない。そこで優しくその人を見てあげることで、歩行者が「このクルマは私を認識して止まっているんだな。轢き殺されないな」と感じられることを狙いました（笑）。平面のディスプレイに目玉を表示するだけだと、正面以外は自分が見られている気がしないんですね。トーマスみたいなグリッとした半球状の目だと、横のほうでも見られているような感じになります。他の研究者は路面にプロジェクターで矢印を表示するような実験もしています。

佐倉　単純なシグナルでクルマと通行人とがコミュニケーションできるような媒体が必要なんですね。

そういえば、クルマを運転しているときの外部とのコミュニケーションの一つにパッシングがありますが、あれも似ていますね。ライトをチカチカさせるだけで、「俺が先に行くぞ」や「どけ」のときもあれば「お先にどうぞ」のときもある。ちょっとしたクルマの位置関係やランプを灯す長さの違いでまったく違う意味になります。そういったケースバイケースで臨機応変なコミュニケーションを、機械にとらせるのは難しい。ＡＩは文脈のようなメタメッセージを理解するのが難しいですから。

大前　機械同士なら無線通信を使えばいいけど、機械と人間とのコミュニケーションはより難しいですね。

自動運転はどう社会に普及するか

本章の前半で、自動運転の真新しさがなくなれば社会の反応は悪くなると危惧する大前に対し、佐倉は社会全体で自動運転のメリットを考えることの重要性を説いた。ではいったい自動運転は社会にどのようなメリットをもたらすのだろうか。また、どうすれば安全性を確保しながら、そのメリットを享受できるのだろうか。

自動運転の二つの流れ

佐倉　大前先生は、今後どのような形で自動運転車が普及するとお考えですか？

大前　自動運転は二つの方向で普及すると感じています。一つは、現在みなさんが乗っているような自動車を自動運転化し、より良い車にしようというもの。運転支援システムの高度化もこれに含まれます。あの重さで100キロメートル以上を出す機械なので、完全自動運転車にするためには安全面にまだまだ多くの課題が残っています。

もう一つの方向性は「ラストワンマイル自動走行」や「ワンマイルモビリティ」等と呼ばれるような、軽量・低速での完全自動運転が可能な移動体です。これは必ずしも今の車の形を取っている必要はなく、ゆっくり走るゴルフカートのようなものでも構いません。時速20キロメートルくらいであれば仮に人をはねても殺さないでしょう。高齢社会におけるお年寄りの移動を助けるような活用方法が考えられます。

佐倉　一つ目の方向性からお伺いします。乗せていただいた実験車両はすいすい走っていましたが、一般車が完全自動運転で走るにはまだ安全性に懸念があるのですか？

大前　はい。例えば先ほど乗っていただいた実験車両は、自動運転システムを1系統しか持っていません。市販車両は、いつ何かが壊れても安全であることが重要で、安全に停まるまでのバックアップとして、モーターもインバータもCPUも電源も全て2個ずつ用意する必要があります。

バックアップを用意しないならば、「運転の責任はドライバーにあります」という「運転支援」「レベル2自動運転」として、ドライバーにはいつでも運転しているのは自分だという気でいてもらわなければなりません。

佐倉　道具と人間との関係を考えるときに、何かあったときに対応できるよう最後は人間が対処できるようにしておくべきだという考え方と、人間も間違えるから技術・機械でカバーしたほうが安全だという考え方と大きく二つあります。大前先生は自動運転の研究者ですが、前者のお立場なのですね。

大前　個人的には、人間を運転から排除する必要はないと思っています。自動運転は手動運転より安全なのか、ということを論理的に説明できていない。人間が間違えるのと同じように、機械も誤動作をします。100%安全な機械というのは不可能です。とても堅牢な仕組みで設計されているエレベーターという乗り物でさえ多くの事故死者が出ています。

となれば、人間の運転をベースとして、機械が自動運転なみの知能を持って危険を押さえ込んでくれるほうが、安全ではないでしょうか。もちろん高速道路のような予測しやすい場所では、超高度なレベル2自動運転として、ほとんど運転をシステムに任せることが可能ですし、低速で軽いモビリティであれば完全自動運転も問題ないと思います。

自動運転は「仕方なく受け入れなくてはいけない」技術？

佐倉　低速のモビリティというのが二つ目の方向性ですね。こちらは技術的にはもう可能なのですか？

大前　はい。ラストワンマイル自動運転は、沖縄での国のプロジェクトも行われていて、そこではヤマハのゴルフカートが使われています。インフラにどれくらい頼るかで技術的難易度が変わるのですが、道路に電磁誘導線を埋めれば、コンピューターなしでも自動でその上を走行させることができます。１メートルあたり３００円くらいなので、インフラ整備自体にそれほどコストはかかりません。

佐倉　高齢化と過疎化が進む地域や娯楽施設などには良さそうですね。採算は取れるのでしょうか。

大前　沖縄の実証実験では、通行人が気づかずどいてくれないとか、ルート上に酔っ払いが寝ているとかで、クルマが停まってしまうことがよくあります。そういった判断をする人間が必要なのであれば、そこの人件費をどう低コストにするのか考えなければなりません。

もし自動運転の運用に従業員１人分の人件費がかかるのであれば、その人がハイエースを運転してあちこちオンデマンドで送迎してあげれば良い。それよりも安い運営・メンテナンスコストで運営することができるかは分かりません。自動運転モビリティが、人の移動だけでなく、荷物の配送やゴミ収集まで１台何役でやれば、もしかしたら採算が合うかもしれません。

佐倉　病院みたいな機能を持っていても良いですよね。いろんな道具を運んでくるサンダーバード2号を連想しました（笑）。高齢化で人が減っている日本では、今後こういったニーズが増えるかもしれません。

日本は高齢化や少子化で世界の先頭を切っている課題先進国で、これは今後、世界の他の国でも起こってくる問題です。となると日本だけのマーケットではない。人類全体の生活のための技術とも言えますよね。

大前　そうですね。そういう意味では、自動運転は「ハイテクな夢の機械」というよりは、まっとうな生活の質を維持するために「しかたなく受け入れなくてはいけない機械」なのかもしれません。

電気自動車も同様です。電気自動車は必ず普及すると思うのですが、それは地球環境に良いからではなく、地方にガソリンスタンドがなくなるからです。今のままでは採算の取れないガソリンスタンドがどんどん潰れていく。となると地方の人は電気自動車にせざるを得ないんです。過疎化が進んでも生活を維持するために、しかたなくテクノロジーで解決するしかない。

縮小の時代に幸せのバリエーションを増やす

佐倉　２０１１年の東日本大震災の直前に国土交通省が出した白書で、日本は「撤退戦」に入っているという趣旨の観点が提示されていました【4】。人口は減っており、経済状況も右肩上がりではないどころか、維持するのも難しい。そういった、撤退戦ともいえるような転換期のなかで、いかに充実した社会にしていくかが重要だと語られています。直後に東日本大震災があってその話はあまり注目されませんでしたが。

大前　知りませんでした。

佐倉　撤退戦というと後ろ向きなイメージがあるけど、良い面もあります。右肩上がりのときは国や社会が「これで行くんだぞ」と音頭を取るから、個人が考える「何を良しとするか」の自由度は無意識に少なくなる。しかし今は、誰かが目標を示してくれるわけではないので、

【4】平成21年度国土交通白書（国土交通省ＨＰより）

個人個人が「何が幸せなのか」を考えることが必要になります。撤退期だからこそ「自分は何を幸せだと思うのか」が大事になるわけです。過疎地にとどまって先祖代々の土地を守っていくも良し、そうじゃなくて都会に移るも良し。右肩上がりのときは、過疎地にとどまる選択肢が取りにくい風潮でしたが、今はそうではない。

自動運転のような技術は、過疎地で生活していく選択を担保する技術だと思います。撤退戦のなかで、個人個人が考えるそれぞれの幸せを、支えることのできる技術なのかなと思います。

大前　縮小していく時代でも、こういった技術によって幸せのバリエーションを増やすことができるのかもしれませんね。

2

安全と安心の狭間で

村上陽一郎

自動運転車の普及には安全性の保証が欠かせないと考えられている。しかし、そもそも「安全」とはどのような状態を指すのか。自動車が普及して以降、本当に安全が保証された歴史はあるのか。現在の自動運転車にかんする議論は、安全という言葉を定義できていないまま進められている可能性がある。「安全学」を提唱した科学哲学者に、自動運転の議論に必要な「安全」の定義を問う。

免許証を手放した

二十五歳のとき、教習所で若い「教官」なるものに、自尊心をいやというほど傷つけられながら、やっとのことで手に入れた運転免許証を、七十九歳の誕生日の書き換えを見送ったので、自動的に失うことになった。直接の動機は、視力が弱って免許申請の際の視力検査をクリアする自信がなかったことである。それから二年、公的な身分証明書にもなるとふれ込みの、運転経歴証明書を所持している。その証明書は、体裁はほとんど免許証と同じ、写真も、免許番号も、何が運転できるかも、すべて記載されている。中央に書かれた赤字の「自動車等の運転はできません」という注意が恨めしくもある。未練が無いわけではない。とくに、私はチェロを弾くが、六キログラム強の重さはともかく、それなりの嵩があって持ち難いハードケースの持ち運びに車がないのは、実際上、特に高齢者になってみると、かなり不便なことも間違いない。

当然タクシーの利用度は格段に上がって、なじみの運転手さんもできた。私の住んでいる武蔵野・三鷹地区では、K交通という会社が、東京都内では唯一だそうだが、運転経歴証明書を提示すると、身障者割引に準じて、料金を一割引くサーヴィスをしていて、時々利用させて貰っている。しかし、ドア・トゥ・ドアの自家用車の便利さを思えば、今完全自動運転の車限定の免許証でもあれば、申請したくなる誘惑は、小さくないだろう。私が生きている間は、とても無理だ、と内心思っているが、先日乗り合わせたタクシーの運転手さんは、もう一〇年もしたら、私らは失職しますわ、と言われた。技術のブレークスルーへの信頼は、一応科学・技術に関しては専門家に準ずると自任する私よりも、遥かに高いようだ。

ところで、運転を始めて約五十五年の間、ハンドルを放したことはなかった。だから、言うところのペーパー・ドライヴァーではない。最初の車は、友人から譲り受けたＶＷ（ファォ・ヴェーと読んで下さいね）のファストバック一八〇〇、アクセル、ブレーキ、クラッチ（教習所ではＡＢＣと教わった）のペダルは、トラックやバスのそれのように、床から生えていて、特にＣペダルは、「エイヤッ」と力を込めて踏み込まないと切れない代物、時にはダブル・クラッチを踏まないとギア・チェンジがうまくいかない。クーラーはなく、今の乗用車になくてあったのは三角窓、無論ドアではなくフェンダーにミラー、水冷ではなく空冷、ドイツで乗られていたので、融雪剤のせいだろう、最後には床に穴が空いて、道

村上陽一郎（むらかみ・よういちろう）
科学史家、科学哲学者。東京大学名誉教授、国際基督教大学名誉教授。1936年東京に生まれる。東京大学先端科学技術研究センター長などを歴任。『人間にとって科学とは何か』（新潮選書）、『科学・技術の二〇〇年をたどりなおす』（NTT出版）、『工学の歴史と技術の倫理』『文化としての科学／技術』（岩波書店）、『安全と安心の科学』（集英社新書）など著書多数。

路が見えるという車だったが、四、五年は乗り回した。走行距離は前所有者の分も入れて、十五万キロメートルを越えた。

やがて、本田財団の創設に関わることになり、宗一郎さんとも親しくなった。密かに誓いを立てた。以降はホンダの車以外は乗るまい、と。つまり、ほぼ半世紀の間、自分で運転する車としては、ヨーロッパで運転していた時を除けば、ホンダ車だけに乗ってきたことになる。四輪車を扱い始めた頃のホンダ車は、エンジンはともかく、決していわゆる「良い」車ではなかったが、都合六代くらい乗り継いで、最後に手放したのもアコード・トゥアラーであった。その間の「進歩」は目覚ましいもので、たしか五代目には、あまり使った覚えはないが、いわゆる「クルーズ・コントロール」も装備されていた。高速道路で、環境がよければ、これを使うと、アクセルから足を放して休ませておいても、定められた速度で走行してくれる装置である。部分的ではあるが、自動運転の趨りでもあろうか。自動と言えば、三代目からオートマティック車になった。確かに坂道発進などは楽になったが、逆に気をつけなければならない点も増えた。

話は逸れるが、今、特に高齢者のドライヴァーを中心に、アクセルとブレーキを踏み間違える事故が報じられることが多い。マニュアル車であれば、慌ててブレーキを踏み込んだつもりで、アクセルを踏んでも、そうした急激な操作に対しては、クラッチが間に合わず、必ずエンストを起こすはずだ。つまりあの種の事故は、オートマティック車特有のものと言ってよい。製造側でも、漸くこれに気付いて、急発進の動作への対応を考え始めたようだが。考えてみれば、オートマティック車では、その普及当時、停車の際にギアをバックやローに入れたまま、エンジンを切って、再乗車でセルを回すと、セルモーターの動力で走り出す、という事故が頻発した。今では、ギアがパーキングかニュートラルに入っていないと、セルが回らないようになっている。またギアの入れ違いを防ぐために、バックはギアの普通の動作線から外れた位置に設定されるようにもなっている。こうして、事故が重なる度に、それを防ぐ工夫が積み重ねられる、というのが、安全管理の鉄則である。

話を戻そう。若い頃は年間一万二〇〇〇キロメートル、高齢になってからも、六〇〇〇キロメートル以上は走っていたから、プロの運転手さんとは、とても比較にはならないが、それでも生涯に四十万キロメートル以上走ったことになる。事故は、初心者の頃は、自宅の駐車場の柱や壁をこする、という自損のアクシデントは何回かあったが、警察が介入する事故は二回、一回は交差点で停車中、助手席の荷物が落ちかけたのを直そうとして、ブレーキから足が浮いたために、クリーピングが働いて、前の車に軽く当ててしまった失敗（ハンドブレーキを引いておけば何でもなかった、という反省しきり）、もう一回は全く逆の状況で、助手席の子供に気をとられたお母さんドライヴァーに、交差点で停車中にぶつけられた事故。警察に捕まったのも二回、首都高から降りて一般道に入るときの一時停車を認めてくれなかった警官によるもの（自覚的にはきちんとブレーキを踏んで停まっていた）と、これは完全に自分のミスだが、全く知らない夜道で、右折禁止を見落としたもの。もっとも、このときも、交差点の中央車線で、右折の信号を出して暫く停まっている間、当然見ていたはずなのに注意をせず、対向車がなくなって曲がった瞬間に、待ってましたとばかりに笛を吹いた警官の態度には、釈然としないものが残ったが、所詮これは引かれ者の小唄に違いない。とにかく、これが、私の半世紀以上に亘る貧しい運転歴の全部である。それなりに、車には関心と関係があった、ということを理解して戴くための話として受け取っておいて戴ければ幸いである。

安全と安心

日本では、安全と安心がペアで語られることが多い。しかし、ごく常識的に考えても、この二つはまるで違うカテゴリーに属する。例えば、ある製品の安全を確保するために、素材の強度を問題にする際、実際に何十万回もテストをして、破断する恐れのないという強度の閾値が得られたとしよう。実際の設計では、その閾値にさらに何割増しかの係数をかけて製品化するのが通例で、その安全係数も、製品の性格、使用法など、様々なデータを基礎に、それぞれの現場で決められる値となるだろう。あるいは、作業現場で、作業時間対死者数、作業量対事故数など、集められたデータから割り出した指数が論じられることもある。このように、安全に関しては、全面的とは言わず、少なくともある程度は、科学的な合理性のなかで、定量的な議論ができる概念である。

他方、安心は、もともと「あんじん」と発音される、仏教的な概念【1】であったことは、今問わないにしても、心理的な領域に属する。

それは、安全が客観的にかなり高い程度に保証されている状況でも、人はなかなか安心できない、という場合も多いことからも理解できる。例えば、アメリカの信頼できる統計によれば、作業時間や作業量を標準化した上での、作業時間対事故数、あるいは作業量対（死亡）事故数、などの指標が最も低い作業現場は、航空母艦である、という。しかし、誰も、航空母艦を、最も安心できる現場だ、と感じる人はいないだろう。

他方、日本において、自動車事故による死亡者数は、最近飛躍的に減少したが、それでも年間三千人を越える死者が生まれる。つまり自動車が走行する道路周辺というのは、本来極めて

【1】不安や恐怖から解放され、心安んじて生きていける境地をさした。

危険な現場なのである。その一方で、あの福島原子力発電所の苛酷な事故でも、原子力エネルギーによる直接的な死者は出なかったが、では原子力サイトのほうが、道路よりも安心できる、という人もおよそ存在しないだろう。

つまり、安全の保証されている度合いと、人々の安心の度合いとは比例するわけではないことは明らかで、その意味で、「安全は科学的かつ客観的・安心は心理的かつ主観的」という構図は、確かに一面の真理である。

安心とリスク

安全の反対語には、少なくとも二つある。因みに、安心の対語は「不安」と言っておけば、日常的には問題はなかろう。ところで安全の常識的な対語は「危険」だろう。しかし、多少とも理論的な脈絡では、「リスク」もまた、安全の重要な対概念である。では「危険」と「リスク」とは同じではないのか。

いろいろな機会に繰り返し述べてきたことだが、「危険」のなかの一部が「リスク」である、つまり両者は包含関係にあると考えられる。言い換えればリスクは単なる危険ではない。ヨーロッパ語の語源に照らしても、リスクは、第一に人間が何らかの意図をもって何事かを行おうとするときに生じる、好ましからざる事態、つまり危険である、という点がある。例えば日本語の「危険！　立ち入り禁止」という表示の英語版は、〈Danger! At your own Risk!〉となるのが普通で、「ここから先は、お前の意志で危険を冒すことになるぞよ」という趣意が伝わってくる。

第二には、リスクという語が担う危険は、絶対に起こるものではなく、何ほどか確実性に乏しいという性格を持つ。例えば、今私は八十一歳だが、私があと二十年後に生きていない、という事態は、生きている私にとっては好ましからざることかもしれないが、決してリスクではない。その事態は、絶対確実に起こることだからだ。しかし「明日交通事故で死ぬ」という事態はリスクと呼べる。何故なら、それは絶対確実に起こることではなく、ある程度の確度で起こり得ることだからだ。言い換えれば、リスクは確率的な表現と馴染む概念なのである。もっとも確率の定義は、通常確率〈1〉も〈0〉も許容するが、上のように考えると、この二つの場合は、確率論的なリスク論からは排除されている、と考えてよい。

第三に、リスクが確率論的なものであるとして、その確率を、人為によってある程度は縮小することが可能でなければならない、という点がある。例えば、富士山が爆発する、という事態は、ある程度確率的な表現で扱うことが可能だが、だからと言って、それは、そのままではリスクとは言わないのが普通である。何故なら、富士山が爆発する、という事態の確率を人為的に減らす手立ては今のところ、私たちにはないからである。言わでものことを付け加えるが、富士山の爆発によって生じる様々な個人的、社会的な損害は、人為的な手段を講じて減らすことができる性格のものであるから、当然リスクと呼んでよいのである。富士山の爆発のような自然災害は、英語では〈Act of God〉と呼ぶが、「神のなせる業」に、人間の介入できる余地はないのであって、それはリスクの範囲の外にあることになる。このフレーズは法廷でも使われる用語であり、日本語では、およそ異なった「不可抗力」がそれに当たると考えられる（英語の法律用語としては、〈force majeure〉も「不可抗力」であるが、この語は、言葉の成り立ちとしては、強国が弱小国に対して加える様々な圧力、といった趣きをもち、「自然災害」を指すには不適である）。

従って、以上のような考察から導かれる副次的な系であるが、リスクには当事者の責任という問題が生じることを、付け加えておきたい。富士山の爆発は、不可抗力であるにしても、それが起こった時に生じる可能性のある個人的、社会的危険・損失は、それを人為的に減らす手段があるもの、つまりリスクと呼べる以上、その手段を講じることのできる当事者には、その手段を執っていたか否か、が問われることになるのは自然だろう。

安心とは

安心は心理的・主観的な概念だと書いた。それはそれで間違ってはいないはずである。もっとも、これも、何度か書いてきたことだが、安心を英語に直せ、と言われて、直ぐに思いつく言葉は何だろう。実は〈security〉が、本来ぴったりな言葉なのである。今は、この言葉はどちらかというと厳めしい感じを与える。軍事的な安全保障、あるいは生命保険のような個人の安全保障、個人の生存の権利の保障、などに使われるからだろう。しかし、この語の源はラテン語で〈sed+cura〉に由来する。〈sed〉は「〜なしで」の意味があり、〈cura〉は英語の〈care〉と同じで「心配事」だから、全体では「心配から解放されていること」となり、まさしく「安心」である。安心が行き過ぎると「油断」になるが、〈security〉の古い使い方には、まさしく「油断」があったと、辞書は教えてくれる。

しかし、このように捉えたのでは、原子力サイトがあっては安心できない、などという時の「安心」を説明することができないだろう。つまり人間が単に悩みや苦悩から解放されている、というだけではない種類の「安心」を取り上げなくてはならないのである。この種の「安心」は、悩みや心配の種が、言い換えればリスクが、自分の外にあって、そのリスクの管理も、自分の責任外のところにある、という特徴を備えている。

例えば先ほどの〈At your own risk〉の場合には、リスクの絡む人為は、自分自身の問題である。「何かを敢えて行おうとする」ことがリスクを成り立たせる要件の一つだったが、この場合、その行為に及ぶ当事者は自分自身である。しかし、先の原子力サイトの場合には、リスクを生み出す行為の当事者は、安心を求める人間と同一ではない。勿論、原子力サイトを運営する人々も「安心」を願うだろうが、それよりも遥かに多くの「外の」人々が「安心」を求めている。そしてそれらの人々にとっては、安心は言わば他人任せにならざるを得ないことになる。

そこで、重要なもう一つの要素、すなわち「信頼」を論じなければならなくなる。つまり現代社会における「安心」は、個人の外部に存在する社会的組織体、あるいは社会システムをどれだけ信頼できるか、という観点から考えなければならない。勿論「信頼」もまた、心理的・主観的な概念である。例えば未知の人にであったとき、「何となく信頼できそうな」というような感覚は誰しも持つだろうし、その逆もまた十分にあり得る。こうした感覚は客観的合理性とは別のカテゴリーの領域に属する。対象が、個人ではなく、製品であったり、組織であったり、社会システムであったりしても、変わらない側面も確かにある。先に触れたように、車社会の今日、私たちは、謂われのない信頼を、車の挙動に対して抱いている、とも考えられる。

話は多少ずれるが、冒頭に述べた私の運転歴のなかでも、信頼は重要な役割を演じてきている。当初、車は故障するもの、と思っていた。人工物である以上一〇〇％の信頼を置くことは無意味だ、という前提が私にはあった。私は今でも、道具や装置の作動限度一杯の使い方ができない。許容されている作動限度の八分目程度以上に、作動させることができないのだ。それは結局、人工物に対して満幅の信頼をおいていないことの現れだろう。

車もまた当然、様々な作動に関して、信頼は七分目ほどであった。実際、当初車は時々故障した。パンクをしたこともある。教習所では、走る前に、必ずボンネットを開けて、ベルトの緩みや傷、バッテリー液の確認などなど、定例の点検をするように、と言われたものである。しかし、いつの頃からか、私は全くボンネットを開かなくなった。時々、本当に時々、タイヤ圧を視認する程度になった。それだけ、故障は確実に減ったのである。免許証を返納するころには、私の車に対する信頼は一〇〇％に近くなっていたと言えるだろう。勿論、そのことに、合理的な根拠はないかもしれない。要するに自分の経験のなかから、たまたま割り出したに過ぎない。ただ、信頼ということには、そうした要素が常に絡んで生まれてくる、ということは言えるはずである。

外在化する社会システムや、個人に管理能力のない製品などについては、安心と信頼とはほとんど同義語となることは明らかだろう。その点で、重要な例となるのが、日本の高速鉄道であろう。いわゆる新幹線であるが、最初に東海道新幹線が営業を開始した際、東京・大阪間がたしか四時間、最高時速二一〇キロメートルだったと思うが、大阪在住の知人が、「そんな危ないものには、絶対乗られへん」と息巻いていたのを思い出す。今では、彼も、何も言わずに、安心して新幹線の席に坐って東京にやってくる。それだけの信頼性を得る背景には、一方に客観的な事実の積み重ねがあったことは確かだろう。

よく言われることだが、新幹線の乗客輸送という営業に直接関わる死者は、未だにゼロである。もっともこの点には、幾つかの幸運も重なっている。その最たる事例は、阪神・淡路大震災だろう。あの震災で、新幹線の基礎構造物も大きな被害を受けた。仮に営業運転中であったら、どれほど悲惨な事故になったか、肌に粟を生じる思いがする。巨大地震が起こったのは朝五時四六分五二秒、営業時間までほぼ十三分、「奇跡の十三分」と言われるゆえんである。幸運はもう一つある。中越大地震の際、上越新幹線の列車が脱線事故を起こした。仮に対向列車が現場にさしかかっていたら、やはり大惨事になっていただろう。

他方東日本大震災では、架線を支える支柱は相当数被害を受けたが、基礎構造物の損壊はなく、営業中の二七本の列車はすべて、一人の怪我人を出すこともなく、安全に停止（一本は停車中であったと聞く）している。考えれば、このことは「奇跡」に近い。今自動車では後部座席の乗客もシートベルトを締めることが義務付けられている。しかし、タクシーなどで、町中を走っている際に、これを守っている利用客の数は非常に少ない。利用時間が短いのと、町中での速度がたかが知れている、という前提があるからだろう。高速道路を利用する場合は、運転手も極力シートベルトを締めるよう促しているようだが。その自動車の場合、まともに走る限り、時速一二〇キロメートルを越えることはない。しかし、新幹線は常時二〇〇キロメートルを越えて走っていて、シートベルトはないのである。

もとより、非常時に緊急停止をする列車制御システムも、見事に機能したことは確かである。適切なポストに、地震の初期微動を感知する「ユレダス」を配備し、瞬時に走行中の列車に指令を送る、というメカニズムが、上のような成果を生んだ原動力であった。しかし、そのメカニズムは、シートベルトを締めていない（元々ないのだから）乗客の安全に対しても、十分に配慮されていることになる。

新幹線が、これまで、極めて安全な交通手段としての実績を持ち、かつ人々からも「安心」

できる乗り物として信頼をかち得てきたのは、上述のように、確かに幸運も働いていたには違いないにしても、不断の努力の積み重ねがあったからに違いない。それは、乗り物自体もさることながら、それを働かせる社会システム全体に関して、人々が信頼を寄せるだけの実績を示したからであろう。もとより、運用上も、乗客の利便性が時に損なわれるほど、慎重な方法をとってきたことも一因だろう。降雨や風に対して、社会常識よりもかなり神経質に運転休止を図ってきたことは見逃せない。

自動運転に関して

上のような事例は、今後社会が自動車の自動運転を採用する方向に向かうにも、参考となるところが多い。どちらも、車両や自動車の性能が重要であると同時に、あるいはそれ以上に、それを支える技術的、社会的システムの信頼性が問われるからである。勿論、自動車と鉄道の最も違うところは、後者は、走る場所が限定されており、そこには原則として、他者は排除されているのに反して、前者は、それらの限定や排除が一切ない、という前提で考えなければならない点だろう。この条件は、本来極めて厳しい要求を自動車に突きつけてきた。

一般には「赤旗条例」の名で知られている、イギリスの自動車運転規則「Locomotive Act」がある。一八六〇年代に制定され、ほぼ二〇年間実施されていた法律である。自動車が公道を走るに当たって、走行速度の制限のほかに、市街地では、自動車の五〇メートルほど先を、赤旗（夜は灯火）を振る人間が先導しなければならない、というルールがあったのである。人馬を驚かさないための処置であったのだろう。それほど苛酷な環境を乗り越えて、発展してきた自動車だが、完全な自動化には、素人目にも、類似の極めて堅固なハードルが立ちはだかっているように思える。

当然ながら、個々の車自体に相応の機能を搭載しなければならない。センサーは、自重（乗車人数や搭載する荷物によっても、刻々変化するはずである）、障害物の種類、距離、属性などに対する識別能力のほか、交通に関わる標識、ルールなどを確実に把握して、対応する能力を備えなければなるまい。

一方、ＧＰＳを土台にした、自動車の地図上のポジショニングをはじめ、道路として登録されていないような山道や私道などまで、車が入り込む可能性のあるあらゆる場所について、様様な情報が蓄積され、活用されなければ、実際上の意味での自動運転は不可能であろう。その意味で、ビッグデータに関わりのあるマイクロソフトやグーグルなどが、自動運転開発に介入しているのは自然なことである。現在タクシー会社などでは、個々の営業車がどこで何をしているかを完全に本部で把握できるようになっており、迷った際には、よほどのことがない限りは、正しい道を指導できるシステムがある。同じシステムを一般のドライヴァーにも導入できるように、商品として売り出した企業もある。新幹線の運転も、本部で完全にコントロールされている。

しかし、こうした、言わばセンター管理は、無差別に、かつ実際上は無限に近い台数の車のコントロールに利用できるとは思えない。つまり個々の車の自動性は、社会の一般的なインフラストラクチャーによって支えられることになるのではないか。そうだとすれば、先にも述べた、あらゆる道なき道のような場所まで、きめ細かく誘導できる、しかもセンター方式でない方法が開発される必要があるだろう。

そして仮に、車自身と社会システムの双方に、十分な安全性が期待できる事態になったとき、赤旗条例ではないが、社会に普及する前に、十分な試用期間をとり、その間は慎重過ぎるほどの慎重さでの運用が不可欠になるだろう。そのなかで、一歩一歩信頼を獲得していくことができれば、自動運転の未来は暗くないと考えられる。

3 「自動運転時代」と日本の戦略

古谷知之

自動運転車やドローンを経済成長のエンジンにしながら、人口減少社会を活性化するために、日本はどのような国家戦略を描けばよいのか。自動運転技術を前提とした社会における経済成長と制度設計について、人口や国土の観点から考える。

「自動運転前提」社会と日本の選択

今を生きる子供たちの多くは、２１００年を迎えることになる。21世紀を生き、22世紀までを見るのである。その時、日本や世界の主要国はどのような社会経済的な状況に置かれているのか。想像することは決して容易でない。未来を考える視点は、２０４０年、２０６０年、２１００年へと広がっていく。２０２０年の空想は、22世紀には歴史として振り返られる。

２１００年、都市も生活も大きく変貌し、空にはドローンが飛び、自動運転の車、無人の船舶や飛行機すら日常の風景となった日が訪れている。それは、18世紀イギリス人が見ていた馬車が鉄道、自動車へと変わっていった大都会ロンドンでの、あの興奮が呼び覚まされる日々なのだろうか。

２０１６年は、自動運転車両が一般に注目を集めるようになった最初の年といえよう。メルセデス・ベンツ「Eクラス」、日産自動車「セレナ」など、いわゆるレベル2からレベル3に近い「自動運転技術」を搭載した新車が発表され、自動運転車両の普及に大きな期待が寄せられるようになった。自動運転は、既に我々の身近な存在になっているといってよい。

日本は第四次産業革命やSociety ５・０、ドイツはインダストリー4・0、米国はインダストリアル・インターネット、中国は中国製造２０２５などという旗印のもと、IoTやAI、ビッグデータ、自動運転、ロボティクスなどの新しい技術革新を前提とした産業育成と社会イノベーションの実現に向けて取り組んでいる。このうち、日本とドイツは人口減少社会を迎えているが、ドイツは積極的な移民政策により労働人口の減少を補填しようとしている。日本だけが、急速な人口減少に対処しながら技術イノベーションを活用できる唯一の国ということになる。AIやロボティクスが発達・普及すると、人間の仕事を奪うのではないかとの指摘がある【1】が、２０５０年までに労働人口の約2割を失う（後述）と予想される日本では状況が異なる。介護職やトラックドライバーなど、従事者を確保するのが困難な職種が出てくるだろう。従って日本では、自動運転技術やAI、ロボティクスなどを活用する理由は、主として下記のような「働き方」に関わるものといってよい。

・働き手がいなくなる職種の雇用を新技術でどうやって代替できるか
・雇用従事者の働き方を新技術や規制改革でどのように効率化できるか

【1】"THE FUTURE OF EMPLOYMENT: HOW SUSCEPTIBLE ARE JOBS TO COMPUTERISATION?" Oxford Martin Schoolや、「機械に奪われそうな仕事ランキング1～50位！ 会計士も危ない！激変する職業と教育の現場」ダイヤモンド・オンライン、など。

古谷知之（ふるたに・ともゆき）
慶應義塾大学総合政策学部教授。「ドローン社会共創コンソーシアム」代表。専門は応用統計学、都市工学。データサイエンスの対象分野は、国土安全保障・公衆衛生・医療・健康・スポーツ・モビリティなど、多岐にわたる。著書に『Rによる空間データの統計分析』（朝倉書店）、『ベイズ統計データ分析』（朝倉書店）など。

しかし、最近の技術革新に関するこれまでの論稿を見ていると、決定的に欠けている視点がある。即ち、「現在提案されている技術が全て出揃ったとき、どのような社会になるのか」ということである。ここでは、自動運転・自律走行技術を前提とした社会を「自動運転前提」社会と呼び、そのような社会を想定して日本の将来像を描いてみたい。同様の議論はこれまで、ITの専門家からの視点か、道路や公共交通など伝統的な社会基盤の専門家からの視点のどちらかであったように思われる。本章では、両者の視点を意識しつつ、人口や国土の観点から、自動運転前提社会の経済成長と制度設計に関して述べることにしよう。

人口と国土構造からみた自動運転前提社会

まずは、日本の人口構造や国土構造の観点から、自動運転技術を前提とした社会において、我々が将来選択可能なオプションについて論じてみたい。

内閣府がまとめた2060年までの労働力人口予測[2]によると、出生率が大幅に改善し(2.07)、女性や高齢者の労働参加が進んだとしても、2013年から2060年までの約50年間に約1170万人の労働力人口が減少すると予測されている。2013年から2030年までの約20年間でも約292万人の労働力人口の減少が予測されている。介護職人材は高齢化に伴う需要増加が予想され、2014年から2030年の間に約138万人から約190万人の増加が見込まれている[3]。介護職や保育職は、やりがいのある仕事である一方で、給与水準の相対的な低さから、働き手の確保が課題となっているため、この推計結果を楽観的に信じることはできない。また、既に労働力の確保が課題となっており将来さらに深刻になると予想さ

[2] 労働力人口と今後の経済成長について(内閣府HPより)

[3] 介護職員数の将来推計(厚生労働省HPより)

れるのが、タクシーとトラックのドライバーである［4］。2010年の段階で約2・9万人が不足していると指摘されていたが、2030年には約8・6万人が不足すると指摘されている。これはネット通販の普及に伴う運送需要の増加などが背景にある。しかし将来的には、都市部でのきめ細かい運送サービス（例えば、「注文から1時間以内の配送」など）が難しくなるかもしれない。山間部などの過疎地では、そもそも配送サービスが不可能な地域も顕在化するだろう［5］。

日本の人口減少の特徴は、人口が減少しながらどこか生活利便性の高い都市部に人口が自然と集積するということではなく、現在の人口分布を前提に人口密度だけが過疎化し、結果としてスパース（疎）な地域構

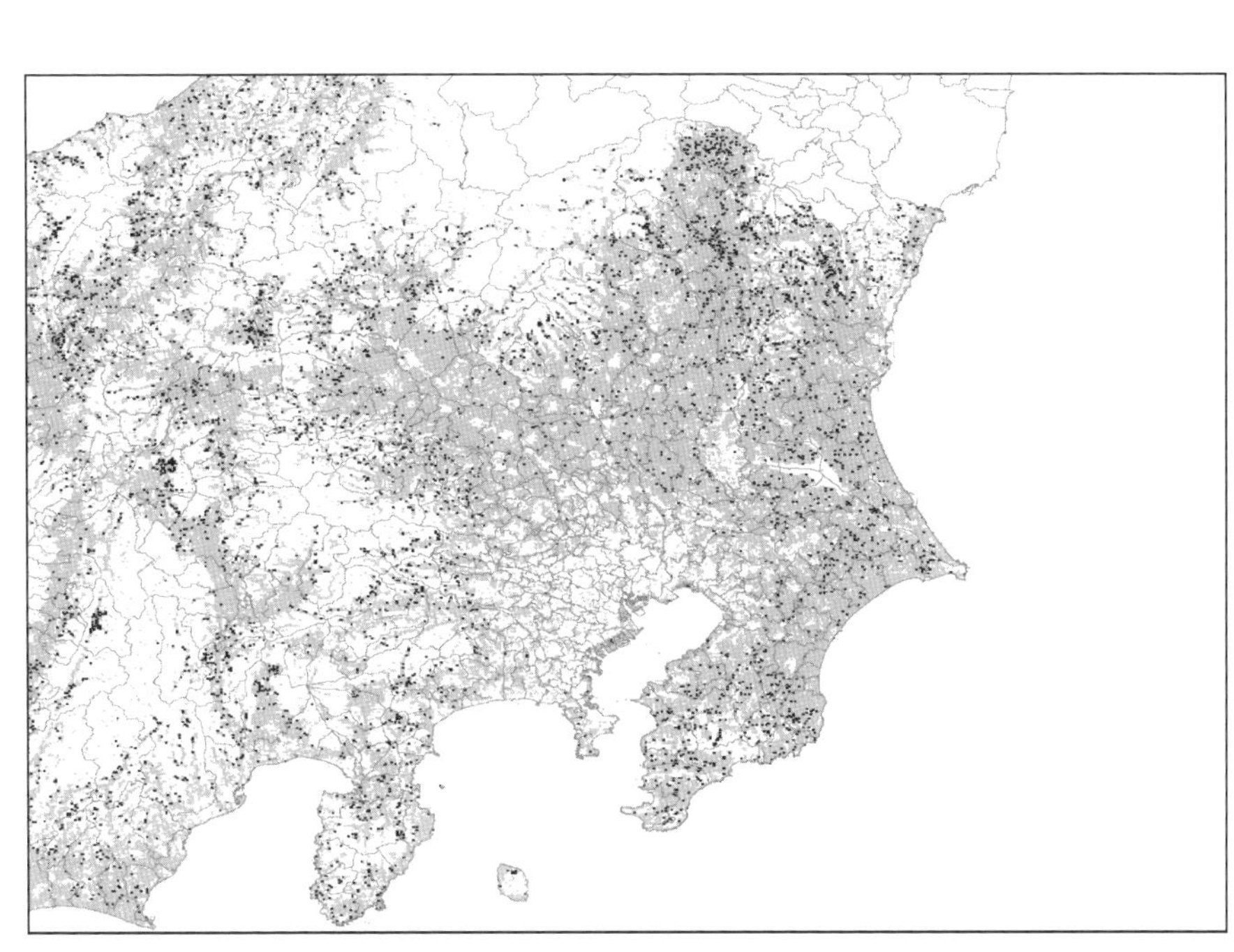

［図1］2040年時点の人口消滅地区の予想。人口減少地区をグレー、消滅地区を黒で示したもの。（白地には人口増加地区の他にも、居住可能でない山林や分析対象外の地区を含む）／著者提供

［4］労働力不足の現状について（公益社団法人全国通運連盟HPより）

［5］運輸サービスの人手不足については第14章の「ICTで運輸の人手不足を解消する」（小島薫）が詳しい。

造が出来上がってしまう点にある。同時に、老朽化が進み維持管理コストが嵩む道路・鉄道・橋梁・トンネル・上下水道などの社会インフラは、どの地域のどの社会基盤を維持するかの「選択と集中」が迫られることになる。そこで優先順位の低いと判断された地域の社会基盤は、これまで通りには維持管理されなくなり、結果として医療・買い物・教育へのアクセスが困難になるという「負のスパイラル」が出来上がってしまう。恐らく、過疎地においては、病院は存続するだろうが、商業施設や学校は消滅或いは統廃合されるだろうから、それを前提とした地域づくりを進めていかなくてはならない。

こうした背景から、都市計画の分野では人口減少局面で都市部のコンパクト化と縮退(スマートシュリンク)が注目されてきた。しかしそこに、第四次産業革命のようなイノベーションの要素を加えたとき、我々が取るべき都市・地域戦略は、全く新しいものになるだろう。農村部(過疎地)、都市郊外部、都心部に分けると、以下のような取り組みが必要となるのではないだろうか。

① 農村部や過疎地では、ロボティクスやドローン、AIやビッグデータを活用した第一次産業の促進と生活基盤の維持が必要となる。食料安全保障の観点からも、ロボティクス等を活用した食料自給率の改善は取り組むべき課題である。

② 都市郊外部では、鉄道沿線などへの市街地のコンパクト化を進めながら、新しい働き方(高齢就業者の副業解禁、若年労働者のサバティカル取得など)、(都心と比較して相対的に地価が低いことを活用した)ロボティクスやドローンなどのベンチャー育成などが必要となる。

③ 都心部は、常住人口だけでなく、富裕層を中心とする観光客や留学生、ビジネスマンな

ど交流人口も増加すると予想される。

筆者は、「21世紀は都市（圏）の時代」だと考えている。かつて日本は、経済成長のエンジンを国土全体の発展にあるとしてきた。人口減少社会においては、経済・文化・科学技術などの分野で世界的なイニシアティブを発揮するためには、大都市或いは大都市を含むメガ・リージョンを形成することこそが肝要である。さらに都市中心部では都市全体の国際的なプレゼンスを高めるために、新技術のショーケースとなるライフスタイルを提供しなくてはならない。

東京・大阪・名古屋など競争力のある大都市では、③のような取り組みはますます加速するだろう。地方創生という観点から、①のような地域活性化施策は、すでに特区などを活用して進められているところもある。今後は、地方交付金や地方創生の対象外とされてきた②都市郊外部、すなわち「地方創生から見捨てられた地域」とも言うべき地域にも目を向けて、大都市圏を発展させることが必要ではないだろうか。

2050年のGDPに対する3種の戦略

市街地のコンパクト化やロボティクスの導入は、都市政策や経済産業政策の分野でそれぞれ個別に議論されてきたことであり、そこに目新しさはない。しかし自動運転技術を前提とした経済成長戦略について、これまで十分に論じられてきたとは言い難い。

要は、自動運転技術を始めとする新しい技術イノベーションを眼前にして、我々は選択肢を突きつけられているのである。それは、「日本は大国になりたいのか（大国でいつづけたいのか）」

ということである。

選択しうる戦略的オプションはおよそ3つだろう。①政治的にも経済的にも世界的な影響力を行使しうる「大国」になる。②国としての政治的・経済的影響力は持たないが、一人ひとりが成熟し経済的にも豊かな国になる。③世界的に影響力を持つ国になることを諦めるが、一定の経済水準と技術力の高さは維持する。いずれの戦略においても、日本が持つ世界的な技術水準を維持・向上させるという点は共通すると考えてよい。

戦略①：GDPトップ5を維持
戦略②：一人当たりGDP上位をねらう（GDPは上位でなくてよい）
戦略③：GDPも一人当たりGDPも上位でなくてよい

戦略①を選択した場合、減少する労働力人口を補うために、生活や労働を補助するロボットやAIだけでなく、海外からの移民も受け入れることが必要となるだろう。持続可能な経済成長には、一定の人口水準を維持または増加させる必要があるからだ。日本の場合、1億人の人口水準を維持するだけでも、合計特殊出生率2・04〜2・08以上に維持しなくてはならない。人口増加を目標とするのであれば、2040年ごろまで増加が予想される高齢者医療費の負担に加えて、保育施設の整備と保育士の育成が急務となり、その費用負担が課題となる。住宅地での保育施設整備が忌避される我が国では、人口増加に対してコンセンサスが取れるとは考えにくい。

また一時的に国内で雇用され帰国する外国人労働者と、長期的に定住する移民とは異なる。

移民の受け入れは、社会のダイバーシティ（多様性）をもたらし経済を活性化させるという利点がある一方で、海外移住者を地域に定着させるためのコストは莫大となる。住民同士の文化理解促進やコンフリクトの解消、社会保障制度の改革や犯罪対策などに、大きな費用を支払う必要があるが、低い水準で経済成長を続ける日本の場合、このコストが経済成長を上回ることになるのではないだろうか。他方、大国であれば、第四次産業革命において技術革新や社会イノベーションにより世界を先導できるという大きな利点がある。例えば、自国企業が開発した技術を世界に普及させ、国際標準化できる。しかし自動運転の要素技術なども、技術力がある多国籍の企業が集まって開発されている現状では、技術力に関して国が先導するというロジックは、やや時代遅れといえよう。ただし、防衛産業など一部の基幹産業については安全保障上の理由が伴うため、この議論とは性質が異なるが。

戦略②は、より現実的な戦略であるといえる。プライスウォーターハウスクーパースによれば、2050年には日本のGDPは世界5位にとどまると予測されているが【6】、一人当たりGDPでみればG7・E7の14カ国の中で7位であり、フランスと同程度の水準と推測されている。2014年には約3・8万米ドルであるGDPが、2050年には約7万米ドル（2014年基準）程度になるという予測である。しかしこれは、現在のルクセンブルクやスイス、カタール、ノルウェーにも及ばない程度であり、こうした国々の生活水準も向上することを考えれば、必ずしも生活水準が高いとはいえない。むしろ、中位国とでもいえる水準だ。ちなみに企業の役員クラスに限定してみてみれば、日本企業の役員報酬は米中はおろか、韓国やタイの上位企業の役員報酬の足元にも及ばない。

この戦略を選択する場合には、労働生産性を飛躍的に向上させなくてはならないが、GDP

【6】2050年の世界：世界の経済力のシフトは続くのか？（PwCのHPより）

総額の増加を意図しないのであれば、人口の維持や増加に支払うべきコストを支払う必要がないという利点がある。そしてこの場合、技術イノベーションの先導役を米独中など他国に任せつつ、技術の利用者に徹することもできる。しかし「安全・安心」など世界的議論が必要な領域においてイニシアティブを持つために、高い外交力が必要となる。技術外交で求心力を発揮できるかが、この戦略の鍵である。

また一人当たり所得の平均値を向上させつつ、所得のばらつき（所得格差）をできるだけ縮小させなくては、社会の安定性を担保できない。生産性を向上させるための、必要最低限のロボティクスやAIの導入も必要となる。少し乱暴にいえば、合計特殊出生率を1・5から2・1程度に回復させ労働人口を増加させたのと同程度の生産力を、ロボティクスや自動運転技術に担ってもらう必要がある。

最後の戦略③については、これを選択した場合に日本がどうなるのかについての想像力を、残念ながら筆者は持っていない。この場合は、もはやG7でもいられなくなるだろうし、自動運転技術など導入できなくても、国際社会で生き残っていけるだろうから、そもそも意味のない選択肢かもしれない。

冒頭に内閣府による労働人口の将来推計の数値を持ち出したが、内閣府は2100年ごろまでの将来人口推計も取りまとめている【7】。これによれば、日本の総人口は2100年には5000万人を割り込む水準になると推計されている。人口半減どころか、人口半減以下、である。因みに医療費の増加などで問題となっている人口高齢化は、筆者を含む「団塊ジュニア」が死亡するであろう2060年をすぎると「高齢化」の状態を過ぎ、定常的に「高齢社会」状態となる（従って医療費増加抑制の議論は2050―60年ごろまでのことと考えていればよい）。

【7】 人口動態について（中長期、マクロ的観点からの分析③）2014年（内閣府HPより）

２０５０年や２０６０年と聞くだけでも、随分先の話のように聞こえるかもしれないのに、２１００年の話を持ち出すとまさしく「鬼が笑う」かもしれない。しかし考えてみれば、我々の子供世代、少なくとも今の小学校低学年以下の年齢層の多くは、確実に２１００年を生きるだろう。その意味において、２０５０年や２１００年の社会のあり方について考えることは、決して他人事ではない。２０３０年ごろまでには「レベル４」の完全自動走行の自動運転車両が普及しているだろうが、国土構造や人口動態を考慮すれば、その先を見据えた戦略策定が求められる。

自動運転やロボットを経済成長のエンジンとするには

２０１７年には、いくつかの国で新しいリーダーが誕生した。「誰も予想しえなかった」トランプ新大統領が誕生し、フランスでは若きリーダーであるマクロンが大統領に就任した。トランプは選挙期間中、ＡＩが雇用を奪うと警鐘を鳴らした。そして欧州では、難民・移民問題が政治的に大きな争点の一つになっている。経済停滞期における自国民の雇用確保の問題でもあるから、基本的にはいずれも雇用が問題の根底にあるといってよい。

労働力の不足が予測されている日本では、一定の経済成長率と労働生産性改善率を維持するためには、ＡＩやロボット、自動運転車両が早い段階で人間の労働を代替・補完できるようになってもらわなくては困る。現状の労働生産性改善率を維持しＧＤＰ成長率１・５〜２・０％を維持するためには、労働力人口６０００〜７０００万人程度を維持するのが望ましい。人口維持に必要な合計特殊出生率２・０７を保ち、女性・高齢者の社会進出が促進したとしても、

2060年の労働力人口は5500万人に満たない。およそ1500万人にものぼる労働力人口不足を埋め合わせるには、相当数のロボットや自動運転車両、自律航行航空機・船舶の普及が必須である。技術活用・普及に加え、労働者の一人当たり所得を大幅に改善させないと、日本が経済的に世界的プレゼンスを失うことになるといってよい。

経済成長が労働力人口増加、労働生産性向上及び資本ストック増加によりもたらされるという経済原理から言えば、労働力人口の減少が予想される日本においては、それを補うだけの生産性向上もしくは資本ストック増加を確保する必要があるのは、言うまでもない。ロボットが普及した場合の生産性向上については、すでに様々な研究がなされている。例えば、19世紀後半から20世紀初頭の蒸気機関の労働生産性向上率は0・34、20世紀末のITがもたらした労働生産性向上率は0・60だったのに対し、20世紀末から21世紀初頭にかけてのロボティクスの労働生産性向上率は0・36程度であったとの研究成果【8】が示されている。自動運転車両の普及による労働生産性向上は、労働者の空き時間確保による代替的な労働を可能にするというよりもむしろ、安全性の向上や道路混雑緩和、都市空間の効率化などをもたらすと考えられる。ただし自動運転の役割が期待されるのは、自動車の私的利用よりもむしろ、物流や公共交通の面で大きいと考えている。

議論すべき点はむしろ、自動運転車両、ドローン、ロボットが溢れる自動運転社会で生産性向上を達成するためには、①どれくらいの量を生産する必要があるか、②どのように社会資本整備を進めるべきか、③どのような制度設計が必要かということであろう。

日本政府などが打ち出している自動運転や無人航空機に関するロードマップは、2020年あるいは2025年を目途に、都市および農村部での自動運転車両や無人機の安全な運用ルー

【8】 Robots Seem to Be Improving Productivity, Not Costing Jobs, Harvard Business Review.

ルを議論している段階に過ぎない。次の段階として、労働生産性向上を持続するための必要なロボット、自動運転車両・無人機の目標生産量と、自動運転社会を実現させるための社会資本整備目標値、および富の分配方法について、国をいかに成長させるべきかという戦略論とともに検討されるべきである。

①どのくらいの量を生産すればよいのか

まず①の問題は、1500万人分の労働力人口を補う生産性向上を確保するのに、何百万体のロボット、何千万台の自動運転車両やドローンが必要なのかと言い換えてもよいだろう。2030年ごろまでには、約80万人いるといわれるトラック運転手は10万人規模で、約13万人いるバス運転手（乗合バス・貸切バス）も数万人規模で不足するだろう。現在の物流事業やバス事業の規模を維持するためには、単純に考えて十数万台の自律走行可能な物流車両やバスが必要になるのかもしれない。

ロボティクスの活用が期待される農業や介護分野でも人材不足は深刻だ。農業労働力の不足は数十万人規模（〜2040年）、介護士の不足数は約38万人などともいわれている。ロボティクス技術の導入により、農業生産性や介護サービスが維持向上できるかどうかは未知数の面もあるが、AIやロボティクスなどの導入により、若い世代にも魅力的な労働市場にすることが大事だろう。

まずはこうした緊急に人材確保が必要な分野から、自動運転技術やロボティクスを積極的に投入しなくてはならないのではないだろうか。

②どのように社会資本整備を進めるべきか

次の②は、都市や地方に自動運転技術を普及させるために、どのような社会資本をどれだけ整備すればよいか、という問題である。近年の日本では、道路や鉄道などの公共投資に対するアレルギー反応が小さくない。自動運転技術と関連する公共投資がもたらす生産性向上の効果については、きちんとエビデンスに基づいて精査されるべきである。

自動運転車両については道路インフラを大幅に変更しない前提で、自律走行システムの実現に向けてのロードマップが示されている。しかし、自動運転車両を既存インフラだけでなくロボットやドローンなどと協調させて活用するとなると、建物や道路などにも新しいインフラ整備が必要になるかもしれない。ドローンポート付きのマンションについてすでに国内外でも議論がはじまっているが、ドローンや空飛ぶ自動車（flying-car）の駐車場（駐機場）整備の在り方、ドローン搭載型自動運転車両を前提とした道路空間の在り方など、検討すべき課題は少なくない。

イギリス、スイス、オランダ、ドイツなどでも、物流や公共交通の手段として自動運転車両やドローンの利活用と社会実験が進められている。現状では自動車・道路側から自動運転車両の普及促進が議論されているが、自動運転車両のオペレーションは、鉄道やバスなどの公共交通事業者が長けているだろうから、新しいビジネスチャンスになるだろう。

例えば都市鉄道利便増進法など、都市鉄道の機能高度化を図る制度を補完する手段の一つとして自動運転技術を活用することもできる。一人で複数台の自動運転公共交通車両のオペレーションが可能になるなら、地域公共交通網形成計画及び地域公共交通網再編計画などで自動運転地域公共交通手段の利用も促進される。他方、自動運転のマストランジットは、鉄道の競合主体ともなりえるから、地域公共交通の維持という観点からも導入の是非を議論すべきだ［9］。このように考えれば、道路空間だけでなく、公共交通空間も含めた自動運転技術に対する社会資本整備の在り方について、積極的に検討すべきである。

物流は自動運転車両だけでなく、ドローンやロボットとの統合活用がよい。中長距離輸送は貨物鉄道や自動運転トラック、数キロメートル以内の範囲でドローン、宅配先までのきめ細かいサービスをロボットで、という具合だ。

［9］地域公共交通については第11章加藤博和「自動運転・シェアリングエコノミーと地域公共交通」が詳しい。

③どのような制度設計が必要か

最後に③の問題だ。社会経済を大きく変容させるような新しい技術が登場する際、「誰が富を所有し分配するのか？」という議論がしばしばなされる。自動運転技術やロボット、ドローンを大量に所有する1％程度の富裕層・資本家が富を独占することになった場合、ロボットなどに仕事を「奪われた」市民に対して富をどのように配分し、所得補償するのか、などということも既に議論されている。

しかし大量に労働人口が不足する日本では、状況が異なる。繰り返しになるが、人の仕事を奪うぐらいの勢いでロボットやＡＩに仕事をしてもらわないと困るのだ。とすれば、医療・介護、農業、物流、公共交通など、様々なサービス分野でロボティクスやドローン、ＡＩなどの複合技術を統合して活用する事業者が今後増加し、社会課題解決や経済成長のエンジンとなるだろう。重要な点は、ロボットやドローン、ＡＩなどの「要素技術」単体ではなく、統合技術をサービスに利活用できるか、ということである。

統合技術をサービス事業に有効活用するためには、社会基盤の改変が必要になる。自動運転車両を前提とした道路交通インフラ（車線数・幅員の改変、サインの見直しなど）、ドローン、ＡＩやロボットを前提とした建築物・土木構造物などが不可欠だからである。サイバー空間のデジタル統合技術とフィジカル空間の社会基盤技術との境界領域において経済活動が展開されるということになれば、フィジカル空間を対象とした伝統的な経済とデジタル市場を対象とした新しい経済とが歩み寄らなくてはならない。

サイバー空間を対象とする事業体は、全くの自由な競争のもとに特定の企業や個人の利益を最大化し、経済成長を達成することを得意としている。しかしそれだけでは、道路や鉄道といった空間や社会の公共性や安全性を確保するという視点が不足しがちである。逆に、公共交通や物流など伝統的な公共事業体は事業や社会の公共性や安全性を確保するということには長けている。しかし自動運転や自律走行技術を活用したビジネスをいち早く展開し、それにより経済成長を強く推進しようと考えている企業は、必ずしも多くはないだろう。

その意味において、例えば公共交通事業者的なマインドを持ったＩＴ企業や、ＩＴ事業者的なマインドを持つ公共交通事業者が、自動運転前提社会を生き残ることができるのではないだろうか。

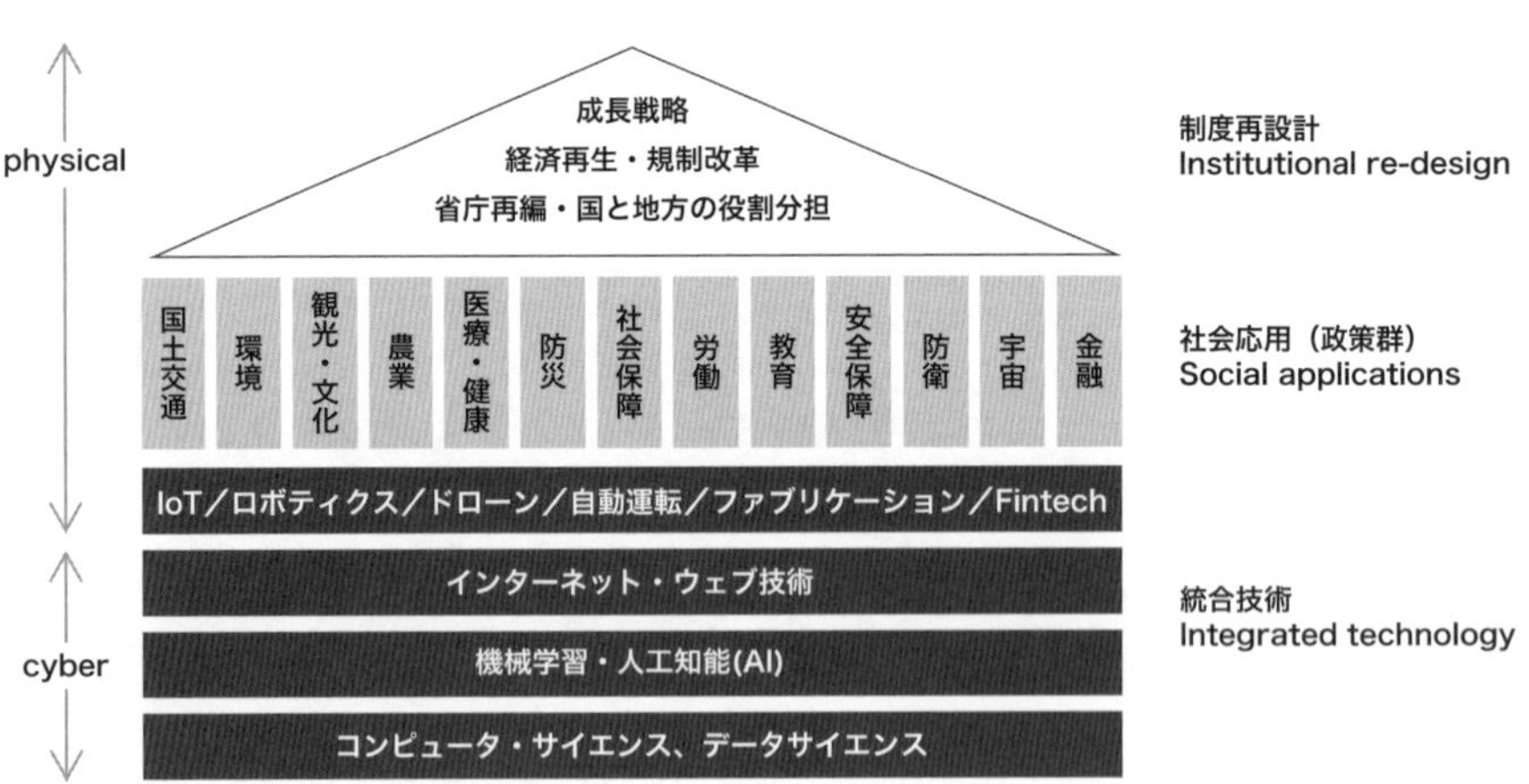

[図1] デジタル統合技術によって支えられる社会／著者作成

われわれの社会はいずれ、コンピュータ・サイエンスやデータ・サイエンス、AI、インターネットなどといったサイバー空間上の技術と、自動運転、ドローン、デジタルファブリケーションなどのフィジカル空間上の技術を統合した「デジタル統合技術」に支えられることになる【図1】。「個別技術」ではない。デジタル統合技術を駆使することそれ自体が目的なのではなく、医療・介護、交通、安全保障などの社会課題を解決することが目的であり、そのためには経済成長や地方創生に必要な制度の再設計（あるいはルール変更）が求められる。

構築すべきルールには、①国側から見たルール（国際条約、国際商取引など）、②企業側から見たルール（標準化、Sandboxの設定など）、③ユーザ（あるいは消費者）側から見たルール（安全性の確保、消費者保護など）、の3種類がある。日本の場合は、自動運転やドローン、ロボットをできるだけ市場に普及させ、ユーザ側からのルール形成に注力をするのが望ましい。その理由はいくつかある。

第一に、日本は過去3回の産業革命において、鉄道や自動車、インターネットを自ら発明したわけではないが、これらを社会の隅々にまで普及させ、発明国以上のサービスを提供することにより、経済成長のエンジンとしてきたからである。標準化などの国や企業側の観点からのルール形成はドイツや米国などにまかせ、むしろ日本は安全基準や普及策などユーザ側の観点や地球規模での課題解決の観点からのルール作りに力を入れたほうがよい。もっとも、我が国の安全保障に関わる技術に関してはこの限りではない。

第二に、自動運転やドローン、ロボティクスは、技術安全性への信頼が必ずしも高くないことから、第三者の運営管理による共有（シェアリング）や貸与（レンタル）による公共交通・物流サービスが大勢を占めると予想されるからだ。筆者はしばしば大学の授業や講演会などで「次に車を買い換える時は自動運転車両を購入したいか」「バスが自動運転・自律走行車両なら使いたいか」「物流車両が自動運転・自律走行車両なら使いたいか」という質問を投げかけている。多くの場合、最初の質問に対しては殆どが購入したいと考えておらず、二つ目の質問については3分の2ほどが使いたいと答え、最後の質問については半分ほどが使いたいと答える傾向がある。現時点では我が国の多くの人は自動運転車両を所有したいとは考えていないことは、容易に想像できる。自動運転技術の信頼性が高いとはいえない、自家用車の自律走行時の安全運行管理責任を個人に問われたくない、などさまざまな理由が考えられる。

日本の公共交通事業体は、提供するサービスの快適性・安全性・効率性を追求し、世界最高水準の安全運行管理実績がある。その強みを活かして、例えば鉄道・バス事業者が、Fintechを活用したチャレンジャーバンクと自律走行バス事業や自動運転車両シェアリングサービスを行うといったことも有用だろう。

第三に、実はこれがより深刻な問題かもしれないが、自動運転やロボティクス、ドローンは、半導体や組み込み技術などの分野で、すでに欧米や中国の後塵を拝していることである（それどころか、かなりの周回遅れだ）。自動運転やロボット、ドローン、AIなどは、現時点ではその利便性がもてはやされているが、危険な側面もある。例えば、自動運転車両が子供を轢き殺してしまったとき、ロボットやドローン、AIが誤操作で人に危害を与えたとき、技術に対する期待値は、急速にしぼんでいくことだろう。

自動運転やドローン、ロボティクスなど統合技術を活用して、国際的なイニシアティブを発揮したいのであれば、これまでのように個別技術単位でロードマップを作成するだけでは不十分である。今後は、統合技術全体を俯瞰したロードマップを作成することが肝要だと考える。

最先端技術の恩恵をすべての人が享受できるように

自動運転やロボティクスなどの最先端技術が開発されたとしても、その恩恵を享受できるのが一部の人に限定されるようでは、よりよい社会とはいえない。技術者や政策立案者は、このことを肝に銘じて科学技術戦略を立案するべきである。

例えばアニメ『ドラえもん』で描かれる未来の社会では、自動運転・自律制御技術は所得の高低にかかわらず利用可能な技術として描かれている。22世紀に生きるのび太の子孫は、貧乏だと言いながらも、ドラえもんを所有しているし、大人になったのび太自身も自動運転車両に乗っている。

他方、『銀河鉄道999』では、一部の富裕層のみが機械化した体を手に入れて永遠の幸せを享受でき、銀河鉄道に乗って宇宙空間を旅行できる。しかし主人公の鉄郎は貧しいがゆえに機械人間の「人間狩り」で母親を失い、機械化された体に憧れを持つようになる。そこでは、貧富の差により最先端技術にアクセス可能な人が限定されている社会が描かれている。

我々はどちらの社会を目指したいのか？ もちろん後者であってはならないはずだ。最先端技術へのより公平なアクセスを実現するためにも、まずは大都市郊外などで、公共交通等の自律制御を前提とした社会づくりに着手すべきである。

4 つながるクルマと自動運転が社会イノベーションをもたらす

清水和夫

長年自動車の発展を間近で見てきたモータージャーナリストは、自動運転車にどのような可能性を見出すのか。ここではとくに自動車がネットワークにつながった場合の可能性とセキュリティに焦点を当てたい。自動運転車が走る社会では、どのような戦略が必要になるのかを探る。

クルマがネットワークにつながるとき

自動運転の時代、そしてクルマやインフラがつながる「コネクテッド」の時代の、セキュリティとはどのようなものか。モータージャーナリストとして多くの取材をしてきた立場と、内閣府の戦略的イノベーション創造プログラム（ＳＩＰ）【1】自動走行システム推進委員会の構成員などの立場という異なる側面を持つわたしの視点から説明してみたい。

様々なモノがインターネットにつながるＩｏＴは、経済成長のカギを握ると言われている。ある調査では、２０２０年には6兆ドルの経済効果があり、５００億のデバイスがインターネッ

【1】総合科学技術・イノベーション会議が司令塔となり、科学技術イノベーションを実現するために創設された。

トにつながり、2億5000万台がコネクテッドカーになるという。クルマがネットワークにつながったときに、何が起こるか考えてみたい。

クルマ同士がつながることで得られるベネフィットは、2011年3月の東日本大震災で効果が確認された。ホンダはインターナビと呼ぶ通信ナビゲーションシステムで、自動車の位置情報などのプローブ情報【2】を収集し、交通情報や渋滞予測などのサービスに活用していた。そして震災の日、「ホンダのクルマなら、クルマ同士がつながっている」という連絡がユーザーから入った。災害時にどこが通れるか、情報を提供できるのではないかと被災地の情報を確認したところ、リアルタイムにクルマがどこで戻ったかが手に取るように分かった。この情報はインターネット事業者と協議して、災害通行マップとして提供された。このとき、日本道路交通情報センター（JARTIC）のインフラ情報はダウンしていた。国の情報、道路側のシステムが倒れても、クルマ同士がつながることで得られる情報が役立つ、初めての例だったと考えている。

このように、すでに情報には多くの種類があり、国や民間などレベルも様々だ。交通情報やプローブ情報だけでなく、波の高さの情報や地震計の情報など、多くの情報を横展開することで、新しい価値を生み出すことができる。その1つが、自動走行システム向け高精度三次元地図データの提供に向けたダイナミックマップ基盤株式会社の事業だ。例えば米国では国防の問題や州政府と連邦政府の独立性の問題などから、一気通貫のデータがない。日本はチームジャパンで連携した動きができる。コネクテッドに関しては、日本は先進国だと言うこともできる【3】。

【2】GPSセンサーを搭載した情報端末（この場合は自動車）から一定時間間隔で取得した位置情報をつなげた移動情報のこと。

【3】政府は「世界で最も安全で環境にやさしく経済的な道路交通社会の実現」に向けて自動走行・安全運転支援システムの開発・実用化とともに、交通データの活用を推進している。その中には、交通規制情報の収集・提供の高度化に関する検討、実証実験、普及促進などが含まれる。

清水和夫（しみず・かずお）
モータージャーナリスト。レーシングドライバーとして1972年のラリーでデビュー。ジャーナリストとしては、自動車の運動理論・安全技術・環境技術などを中心に執筆、TV番組のコメンテーターやシンポジウムのモデレーターとしての活動もこなす。

「つながる」ことを前提に事故を減らすセキュリティを

コネクテッドカーについては、メルセデス・ベンツがCASEコンセプトを標榜(ひょうぼう)している。Cはコネクテッド、Aはオートノマス(自動化)、Sはシェアード、Eはエレクトリックの頭文字で、世界のイノベーション、自動車業界のイノベーションは、このコンセプトの通りに進んでいる。個人的にはCASEが横並びになっているのには、少し違和感を覚える。実際にはコネクテッドの「C」が下にあって、その上にオートノマスの「A」などが乗っかる形だろう。「つながる」ことをグランドデザインにして、事故を減らす取り組みが進むのである。

SIPで若い人と話をする機会があった。そこでは、半分ぐらいの若者が運転免許証を持っていない。興味がない、お金がかかる、面倒くさいというのだ。止まる・曲がる・走るがクルマの醍醐味だが、それだけでは若者にクルマの魅力が届かない。行き詰まっているのである。それだからこそ、コネクテッドが社会にイノベーションを起こすと考えられる。雨の日、傘を差してタクシーを探しても、空車はつかまらない。そんなときにライドシェアができたらどうだろう。コネクテッドや自動運転が広まると、社会イノベーションが起こるのだ。

自動運転に目を向けると、その歴史は決して浅いものではない。米国の国防高等研究計画局(DARPA)では、2004年から砂漠などでロボットカーによる無人運転のレース「DARPAグランド・チャレンジ」を実施してきた。軍事用に技術やノウハウを蓄積することが目的だったが、それが民間転用されるようになってきた。軍事技術と言われると、日本の自動車メーカーは参加しにくかった。その間に独フォルクスワーゲンと米ゼネラルモーターズ(GM)が熾烈な技術競争を行っていた。日本は少し取り残されたのかもしれない。

米国運輸省道路交通安全局（NHTSA）が米国に拠点を置く自動車技術者協会（SAE）のレベル分けによれば、自動運転の「レベル2」は人間が責任を完全に持つもの、「レベル4」はシステムが責任を持つもの、そしてその間の「レベル3」は人間とシステムが行ったり来たりするものと定義されている。独アウディはフラッグシップモデルの「A8」に世界初となる「レベル3」の自動運転機能の実用化を目指している。同社のシステムが可能とするのは、トラフィック・ジャム・パイロットシステムと呼ばれるもので、高速道路の渋滞時のみ有効な初歩的なレベル3の実用化だ。ところで、SAEの自動運転のレベリング定義はあくまでも走る機能の自動化を定義したものであり、クルマという製品の性能や機能を意味するわけではない。特に注意が必要なのは、「レベル5」で、この完全自動運転は無条件でシステムだけで運転する機能なので、現実的ではない。むしろ条件次第ではあるが、「レベル4」の応用範囲は広がるだろう。現在、「レベル4」でのドライバーレスのクルマを遠隔操作で実証実験できるように国内では保安規準と道交法の規制緩和が行われている。

「レベル3」で自動運転をしているとき、自動運転が対応できない状況になってドライバーに運転の主導権を戻すときどうしたらいいか。警告をするにしても、「レベル3」で4秒と言われているトランジションタイム（移行時間）で、人間は重大な局面の判断を下せるのか。リアルワールドで実験していかないと、答えは見つからないだろう。事故を減らすことが一番の大義であるわけで、そのために自動運転システムを作っているのに、システムがあることで事故が起こるのでは本末転倒になってしまう。さらに、その自動運転システムが第三者に乗っ取られたりしないように、セキュリティ対策を施す必要性も高まる。

オーナーカーよりも物流や移動にフィット

それでは、自動運転とセキュリティを考えたときの出口戦略はどのように考えたらいいだろうか。

SAEの自動運転のレベルを見ていくと、先ほどの例のように人間とシステムの間で責任が行ったり来たりする「レベル3」はかなり難しいことがわかる。白線が見えなくなったら「レベル3」ではシステムからドライバーに運転が渡される。それよりも、位置がわからなくなったらシステムが人に頼らずに自動的に側道に止める「レベル4」のほうが安全性が高い可能性はある。高度運転支援の「レベル2」の次は「レベル4」という考えもあるが、高度に運転支援する「レベル2」はかえってシステムに頼ってしまうことが懸念される。「レベル3」を飛び越えて「レベル4」に行くという意見と、初歩的な「レベル3」を実現するという意見に分かれている。

ドライバーレスの「レベル4」は、遠隔操作で運転する社会実験が行われているが、クルマの外にいる人が「運転者」になるのだったら、それは「レベル3」と同等になってしまう。「レベル5」については、通信切れや通信遅れがあったときの対応も議論になっており、実現は大変だと感じている。

自動運転の実現を見通したとき、自家用車や商用車のうちでも、オーナーカーは早期の実現が難しいのではないかと考えている。オーナーカーは「勝手なところに行く」ことが特徴で、自動運転の実現にはハードルが高い。一方で、物流や公共の移動などには、オーナーカーよりも早く「レベル4」が適用できそうだ。過疎地の移動手段として、場所限定し、速度を制限した形での「レベル4」は、過疎地の交通の課題解決に役立つだろう。オーナーカーの自動運転は、2020年ごろに高速道路に限定して「レベル3」が始まるかどうかといった時間感覚になると見ている。

それでも、自動運転の技術的な課題はかなり見通せるようになり、解決の方法も見つかってきている。一方で、社会面や法律面の合意はこれからだ。特に気になっているのが社会面で、自動運転車が登場したときお金を出して買う私たちにどのようなニーズがあるかを懸念している。過疎地の自動運転には大きな意味がある。一方で、オーナーカーで渋滞時に運転をシステムに任せて、テレビで野球を見るだけに数十万円の差額を払うかは疑問だ。コネクテッドの価値と一緒になって、自動車が走るだけでなく、移動空間・時間をどう楽しむかを併せて考えていく必要があるだろう。

5

空の世界に学ぶ、自動運転をとりまくシステム

村山哲也

航空機は自動車よりもはるかに早く自動化が進んでいる。自動車に比べて交通量および交通の密度が低い、あるいは交通を巡るステークホルダーが限られているため導入のハードルが低いという前提はあるが、一足先に自動化した交通網には自動運転車の運行に役立つヒントが詰まっているだろう。自動化した航空機を捌き交通流をコントロールしてきた元航空管制官が当時の経験をもとに、安全で効率的な交通システムを考える。

管制官からみた「自動運転」

空の世界では地上よりも一足早く自動運航化が進んできた。管制塔から1対多で航空機の交通流形成に努めた元管制官の視点は、自動運転車が走る未来に役立つのではないだろうか。

航空管制官というのは国土交通省所属の国家公務員で、主な業務は航空機間または航空機と

障害物間の衝突を避けるため、無線を通してパイロットに指示を与えることである。航空業界は、自動運転が現実味を帯びる以前から、増大する航空需要に耐えかねて自動化を推進してきた。とりわけ人命に直結する航空機の運航は、過去の度重なる事故やヒヤリ・ハットを教訓としてヒューマンエラーの研究と低減の実践を繰り返した。現在の自動運転が目指す方向性を見ていると、空港の管制塔で痛い思いを経験してきた私が口を挟みたくなる点が目についてしまう。エラーとはいつも想定外の出来事である。モバイル機器のアップデートプログラムとは違い、不具合が許されない自動運転はセーフティーネットがドライバー自身である以上、盲点がないと実感できる議論が必要である。

ＡＩが人間よりも上手に運転ができることを示す一例に、狭いエリアに複数の車が縦横無尽に動きながら避け続ける様を流す映像があるが、いつまでも集団で協調行動するしぐさは見られない。もし私の指示で車を動かせるのであれば、円形に追走する仮想の軌跡をイメージしたラウンドアバウトの交差点を作る。レベル３でドライバーに交代を要請するケースをゼロに近づけるには、リスクをあらかじめ低減しておいたうえで不具合や緊急時の対応をＡＩがどこまでカバーできるか、それも自動運転でない人間の手によるエラーまで読み切れるかどうかが重要である。それはレベル４達成の鍵を握り、もし対応が遅れるようであれば自動運転専用道路を作り、法で規制するしかなくなる。

自動運転の進歩と同様に、日本の航空業界では、東京オリンピックに向けた航空需要増加に基づく首都圏空域再編後の空を有効利用するシステムとして、旅客機が離陸後に目的の巡航高度へ達するまで水平飛行をしない継続上昇方式（ＣＣＯ）を２０１９年度に導入する計画がある。航空管制官及びパイロット双方の通信作業量減少、空域の効率的使用、さらにはCO_2排出削

村山哲也（むらやま・てつや）
元航空管制官。1983年生まれ。2006年東京理科大学理学部卒業後、2007年国土交通省入省、航空保安大学校の研修を経て東京航空局成田空港事務所に配属。航空管制官在職中、独学でホームページ制作技術を学び、2015年国土交通省退職。現在は、空港民営化に携わる仕事に就いている。著書に『クローズアップ！　航空管制官』（イカロス出版）など。

減や空港周辺の騒音軽減に繋がると期待される。難題に思えるが、航空路及び空域の再編、新飛行方式の導入、滑走路の新設、航空管制で使用するレーダー等の管制機器や飛行情報端末の導入への適応は、航空管制官にとっては手慣れたものである。

一足先に自動化した空の優先権

かつて空は自由だった。航空機を操縦する者が思い通りに好きなところへ行ける時代は、航空需要の高まりと共に姿を消す。1930年、クリーブランド空港に初めて無線交信機能を備えた航空管制施設（空港にある管制塔の前身）が建てられて以来、航空機の運航と航空管制は、自動化に向けたシステムと法整備の構築を続けてきた。

現在、空中で正面衝突する寸前の航空機に対して回避指示をするのは、国土交通省の航空管制官ではなく、航空機に搭載されているTCAS（空中衝突防止装置）である。TCASは、航空機相互間の位置、速度、姿勢を認識して最も効率よく危険状態を回避する措置を相互のパイロットに促すシステムだ。その他にも、前が見えないほど霧が立ち込めた空港に着陸が可能な飛行方式は、自動操縦で着陸することが必須要件となっており、「何も見えなくても滑走路への着陸はたやすいが、問題はターミナルまで地上を走行できるかどうか」というジョークが流行るほど、自動化されたプログラムの操縦に人命は預けられている。

航空管制官は航空機の運航において、自動化できない部分を請け負って判断することが主な役割といえる。おおむねそれは優先順位を決することであるが、判断の基準や材料は、世界で最初の航空管制官といわれるアーチー・リーグ氏【1】の頃から何も変わっていない。リーグ

【1】1907年、アメリカ・ミズーリ州生まれ。同州セント・ルイス飛行場で雇用され、赤と緑の旗を振りながら航空機の交通整理をした。

氏は手押し車の上に椅子とテーブルを置き、日差しよけのために巨大なパラソルを広げ、他に持ち物はメモ帳と2種類の旗だけで航空機に指示を送った。滑走路の横で空に向かって旗を振っている彼の姿を想像していただければ、航空管制がいかにシンプルで奥深い業務か実感できるだろう。

大空を眺め、周囲の音を聞き、様々な方向から着陸に向けて高度を下げつつ向かってくる航空機を見つける。ときに別々の方向から同じようなタイミングでやってくる到着機がかち合えば、赤い色の旗を振って着陸できないことを示して優先権がないことをパイロットに伝えた。やがて業務に慣れてくると、建物や山など航空機を探すときの目印を自分なりに定め、そこから滑走路に着陸するまでの正確な時間を計測したはずだ。航空機の種類と名前、機体の大きさ、エンジンの性能、パイロットの慣熟度合いを把握し、目印となる仮想の点から点までの飛行時間を精密に予測するという管制業務の本質は、手旗信号から無線交信へ切り替わった現在の航空管制官に求められるスキルと全くもって同じである。

優先権を決める最初の原則は英語で“First come, First service”、日本語の先着順にあたる。レーダー画面上に映る航空機の位置を示す光の点が四方八方から空港に向かってくるときは、最初に到着できるであろう位置にいる航空機を優先して指示をする。無駄なく滑走路に航空機を流し込む、というイメージがぴったりだ。公平で合理的な優先権のルールは空だけに適用される特別な考えではなく、人混みの中を歩くときや車の運転中でも自然と人間が判断して実践している。自動化が目指す先とは、人が作るよりも効率的な交通流の形成にほかならない。

航空機の運航では、システムに不測の事態が発生しても航空管制官とパイロットのコミュニケーションで乗り切っている。自動運転のアルゴリズムはその一人二役を買って出た。自動運転車が航空機から〝世界一安全な乗り物〟の称号を取り上げるには、まずはアーチー氏に見習って、優先権を決定するために考慮すべきデータの選別と収集から始める必要がある。

自動運転が許容する事故の確率

想定外の出来事というのは曖昧な表現である。今後は、高性能センサーから得られる膨大な情報が専門家主観からの脱却を促進し、ＡＩの判断とデータは想定のたたき台に変わる。ＡＩ成長過程の誤判断やデータの分析から得た確率から外れることは、計算外という。自動運転を受け入れる世論の形成には、トロッコ問題で死の選択を議論するよりも、車道に飛び出てくる子供の行動を分析するほうが近道だ。

さて、空港の設置と出発・到着標準経路の設定には、周辺に存在する障害物の高さにより、航空機の高度、速度に制限が付きものだが、地域の騒音対策としての制限を除けばそれらは事故を防ぐ安全対策である。航空業界にはテクノロジーの進歩に伴い管制方式を新たに導入する過程で、事務局（国土交通省、航空局）が立案したものを航空サービスを提供する現場（各官署の航空管制官）が吟味して改正を要求できる、という国家公務員らしくない対等な横関係がある。私は２０１１年10月20日に成田空港で運用が開始された平行滑走路からの同時出発方式を適用できる条件について、机上の確率論とシミュレーションの整合性を図る役を担ったことがある。

自動車に道路交通法があるように、航空機には「航空保安業務処理規程　第５管制業務処理規程」といういわば空の交通ルールがある。そこでは無線交信で使用する用語、航空機相互間に確保すべき最小距離（管制間隔）、緊急機発生時の対応手順等が定められている。離陸後の航空機というのは機種や重量で上昇率が異なり、垂直間の管制間隔（1000フィート≒300メートル）を維持することが現実的でないため、別々の滑走路から出発する場合でも離陸滑走のタイミングを計って水平間の管制間隔（3マイル≒4・8キロメートル）を保つことが求められている。これがボトルネックとなり、成田空港では出発機が多い時間帯の遅延が問題になっていた。そこで、混雑解消の手段として「平行に配置される2本の滑走路から同時期に同方向への離陸及び直線上昇すること」を許容する新規定の作成案が持ち上がったのだ。無線交信で生じる誤認識や操縦ミスといったヒューマンエラー、突発的なエンジン停止など衝突事故につながりかねない事象を洗い出し、国際連合の専門機関で世界190カ国が加盟する国際民間航空機関ICAOが定めるSMM（安全管理マニュアル）に沿ってリスク評価が進められた。

高速道路で平行に走る自動運転車の適正速度はどれくらいだろうか。SMMでは、事故に発展するエラーを発生の頻度と被害の程度で5段階の評価に分けている。時速120キロメートル以上で衝突した事故の致死率は100％に近い。そういった車両の破壊や複数人の死を招く結果は最も被害が大きいCatastrophic（破滅的）に分類され、頻度が2番目に低いImprobable（起こりそうもない）以下と評価できなければ許容しない。SMMに、各カテゴリーの数値は定められていないが、例えばICAOの定める飛行方式設定基準では、航空機の進入（着陸に向けて滑走路へ降下する）1回あたりの障害物との衝突確率が1×10のマイナス7乗以下を目標安全水準としている。航空機は9・11の崩壊劇【2】とて計算内で今日も運航しているが、自動運転車のAIはまだリスク評価の段階にいない。Googleの「全自動車が走行した総距離に相当するテストが必要」との意見には同意するが、人間の範囲を網羅しただけではやはり計算外が付い

【2】2001年9月11日にアメリカで発生した同時多発テロはハイジャックされた航空機が凶器となり、搭乗者全員が死亡した。異例の事件だが、これも目標安全水準のうちに含まれる。

て回るだろう。

航空管制では、航空機が飛行コースを外れて他機へ異常接近するとき、先に回避指示を出すのは正常に飛行する航空機というのが定石だ。人間の運転を知り尽くした自動運転のＡＩがこれに同意してくれるかどうか、許容した事故の確率と合わせて質問してみたい[3]。

交通流管理の必要性——航空管制官からの提言

流れが滞らないとはどういうことか。簡単にいえば、個々の物質が一定の流速を維持できることであるが、その前提には量が飽和していないというマクロの条件がある。機内から外を見ても空港は混雑していないのに、なぜ出発機が地上で待たされるのかを知れば、自ずと全体の流れを管理する必要性が理解できる。

「空に道があることを知っていますか」というフレーズは、メディアが航空管制を解説する冒頭に使う定番表現だが、子供だましの要素が多分に含まれている。見上げて分かる通り空に道はなく、実は地上に設置された無線航法援助施設（ナブエイド：Nav Aid）が〝空の交差点〟の役割を請け負っている。ナブエイドには周辺の地名がそのまま航空路図に記載されている。例えば、東京の大島にあるナブエイドにはＸＡＣと記号が割り当てられＯＳＨＩＭＡと読む。のんびりした島の交通とは対照的に〝空の交差点〟は見えないところで今日も過密状態である。航空機数の飽和状態により、到着空港周辺での上空待機が常態化していたため、日本では２００５年に交通流管理システムが導入された。

航空業界において空の国境といえば、政治・経済的な意味合いを持つ領空ではなく、航空交

[3] 国際民間航空機関「Safety Management Manual (SMM)」Third Edition 2013より

通の円滑で安全な流れを促進する目的で定められた飛行情報区（ＦＩＲ：Flight Information Region）の境界線を指す。日本の空域は福岡ＦＩＲと名付けられているのだが、それは交通流管理を実施する施設である航空交通管理センター（ＡＴＭＣ：Air Traffic Management Center）が福岡にあるからである。各国のＡＴＭＣは連携して交通流管理を行うが、その手法は航空機の速度とセクター内の交通量の制御のみであり、言葉の難解さに比べて原理はシンプルである。

各航空機にはレーダーシステム上の識別のため、出発時にスクォークという4桁の数字が割り当てられる。各桁は0〜7の8進法で表され、8の4乗で４０９６通りある。航空管制官から無線交信またはデータリンクで伝えられた数字をパイロットが機上の応答装置（トランスポンダー）に入力することで、航空機の情報を正確に共有できる仕組みとなっている。割り当てられる数字とは別に特別なコードが定められており、ハイジャックを受けた場合はトランスポンダーに７５００と入力し直すことで、犯人に気づかれることなく航空管制官に状況を伝えることもできる。スクォークは、国内便であれば目的地到着時に無効化され、国際便であればＦＩＲから出域する際、次の空域（セクター）を管轄する管制機関から新たなコードが指定される。桁数を無制限にし、固有の数字を割り当てることは現状ではできていない。それは、飛行情報を管理するサーバーの負荷制限という実情があるからだ。

さて、運転が上手なドライバーといって思い浮かべるイメージは、交通の流れを乱さず柔軟で軽やかな運転を自然とできる人ではないだろうか。運転操作をしながら交通状況に合わせた最適な判断を冷静に繰り返し安全を維持することを可能にするのは、経験で培った洞察力の賜物だ。自動運転の先駆けとして扱われているドライブアシストは、そのような考え方をベースに機能が構築されているが、安全かつ効率的な集団的協調行動は、自車が他車に動きを合わせるといったミクロな視点では到底実現できない、ということはお伝えしておきたい。自動運転車にも、交通量をスクォークのような仕組みでサーバー管理する「交通流管理」の概念が必要となるだろう。

交通流管理は、速度制限、間隔拡大、出発時刻指定の3つを混雑の段階で使い分ける。道路交通法では、中央線が引かれている幹線道路を走行する自動車に絶対的な優先権を与えているが、自動運転にその考えを持ち込むのは適切ではない。幹線道路を走行する車に速度制限を加えたり、車間距離を拡大して脇道の車を優先したりする必要がある。なぜなら、自動運転のAIが自主的に発生させる遅延は、セクター内の車両混雑により振り分けられる均等なものでなければ感情的に受け入れられないからだ。道路工事等で片側通行が実施されている際、自車を先頭に停車させられることを不満に思うのは、遅延時間が偏っているからにほかならない。

実際に、空の世界でも一本しかない滑走路に到着機を連続して着陸させれば、出発機は離陸する隙がなく長蛇の列ができる。そのような遅延の偏りを防ぐため、上空にいる段階から到着機の誘導経路と速度をコントロールしている。

航空管制官の神業と言えば、予め上空にいる到着機を減速させたり間隔を広げたりしておくことで、最終進入態勢の航空機が着陸する前に出発機が離陸滑走を開始し、浮揚した瞬間に到着機が滑走路に接地する状況を生み出すことだ。理想的な集団的協調行動とはその場しのぎでできるものではない、ということだけは断言させていただきたい。

緊急状態の定義付けと優先対応の手法

安全に生きられる日常を過ごす内に、人間は安心に浸かる性質がある。航空管制官は、たった一つの間違いが大惨事に発展しかねないため、一瞬の気の緩みも許されない仕事として認識されているが、1日数百便もの航空機がいとも簡単に離着陸を繰り返す様子は、何事もないだろうという意識を植え付けるには十分なものである。しかし、地上設備や航空機の故障、強風や雷雨といった悪天候、自然災害など、突発的に生じる出来事（イレギュラー）から逃れることはできない。緊急状態を宣言する航空機に平静を乱される度に「油断大敵」、「備えあれば憂いなし」を身をもって実感するのである。現代の航空交通の高い安全性は、悲惨な事故の歴史から学び、試行錯誤を繰り返しながら対応策を積み重ねた結果に過ぎない。

２０１７年5月に国土交通省のＩＴ総合戦略本部で決定された自動運転レベル分け案によれば、レベル3の自動運転車は「システムの介入要求等に対して、予備対応時利用者は、適切に応答することを期待」とある。緊急状態、システムエラー発生をきっかけに、ＡＩが何らかの信号をもって人間に責任を委譲するというのは、分かりやすくもっともらしい仕組みだが、空の視点から見るとあまりにも抽象的な論理だと感じる。自動運転のレベル分けよりも更に深く掘り下げ、緊急状態のレベル分けと具体的な優先対応について明確にしなければ、ドライバーが車内で安心することはできないだろう。不安全要素が多い航空機運航を支える航空管制官とパイロットが、事故で死傷者が出たともなれば明日にでも身分を剥奪されかねない業務を今日も安心して遂行できるのは、細分化された緊急状態の定義付けと優先対応の手法、それに伴う責任の明確化がされているからにほかならない。

航空機の緊急状態は、DistressとUrgencyの2段階に分けて定義される。Distressは、機体（もしくはパイロット）に不具合があり即刻優先的な取り扱いを必要とする危うい事態にある段階を示し、Urgencyは安全上の懸念がある段階を指す。飛行中に客室で急病人が発生する、というのはよくある緊急状態の一つだが、航空機が墜落する訳ではないのでDistressには当たらない。他にも燃料欠乏を理由に緊急宣言する前段階としてミニマムフューエルという規定があり、これを受けた段階では着陸までの遅延状況を説明するにとどまり、優先的取扱いは行わない。「ハドソン川の奇跡」と呼ばれるUSエアウェイズ1549便不時着水事故はバードストライクにより全エンジンが停止し不時着せざるを得なくなった事故である。そのような事例と比べれば、イレギュラー解消に向けた対応はまるで異なる。

緊急機が到着する際は、他機や滑走路への影響も考慮しなければならない。空港の消防機関には、万が一の消火活動に備えて残存燃料を伝え、車庫前待機か着陸後の追従態勢を取るかの判断を仰ぐ。出発後の航空機に機体トラブルが発生した場合は、離陸滑走中に部品落下した可能性を考慮し、車両による滑走路点検実施の判断をすることもある。

筆者が管制官として働いていた当時、飛行制御装置の異常を理由に緊急宣言した航空機（着陸後は滑走路点検が必須）と、セキュリティーの観点から予め定時性確保の通達があった皇族関係者の搭乗する航空機が、ほぼ同時に空港周辺の安全を管理するレーダー空域に入域したことがあった。結末は伏せておくが、マニュアルにも前例にもない事態が発生した場合は、「Best judgement（最良の判断）」という個人の裁量を航空管制官に与えることが規程の主文に明記されている。後にも先にもない事例かもしれないが、優先対応の責任について、現場の航空管制チームが結果を全て受け入れなければならない瞬間だったと記憶している。

自動運転車が経験するイレギュラーとはいかなるものか。タイヤのパンク、電気系統、油圧、部品の故障といった自己完結型から歩行者や非自動運転車の異常接近、岩石の落下、路面凍結等の外部要因まで様々なことが考えられる。ＡＩによる緊急状態の捉え方と優先対応を突き詰めることは、レベル３導入への不安を解消する一つの手法になり得るだろう。

自動運転事故の原因究明に払われる犠牲

自動車のドライバーは、外を眺め自分の意思で自由に運転することが許されると同時に、安全に対する全ての責任を一義的に負っている。パイロットも同様に外を眺めて安全の確保に努めてはいるが、自由意思による操縦の要素はなく、航空法71条の2第1項に規程をされた「操縦者の見張り義務」を果たしているに過ぎない。機体の操縦、性能を熟知し、航行の最高責任者であるパイロットが、航空管制官からの指示に従わなければ「管制指示義務違反」に問われる構図は、レベル３の段階でドライバーがＡＩに運転を支配されている状態に近似している。

航空交通において、航空管制官は安全で円滑な流れを維持する装置の一つとして捉えられる。機械の如く平常心で淡々と無線を通して指示を発出し、公正中立な立場を貫かなければならない。無線電波を通じたコミュニケーションで、正確な意思疎通を交わすことは容易ではない。受け持つ一つの周波数帯には、複数のパイロットが頻繁に入れ替わり様々な要求を送信してくるため、尚更である。それでいて、旅客機に大きな遅延やニアミスなどのトラブルが発生した際には、被疑者とされ過失責任を追及される立場にさらされる。人知れぬ不条理さを抱えながら縁の下で人命を支える経験を経た私には、自動運転車の普及は民主主義に即した刑法制度を絶対視する現代人にとって良薬に思える。

航空機だけに限らず乗り物による事故発生は、Technical Causes（技術的要因）かHuman Causes（人的要因）に起因する。ＦＡＡ（アメリカ連邦航空局）の発表によれば、航空機事故におけるそれは機体性能が不十分であった航空史初期にこそTechnical Causesが大半を占めたものの、１９２０年代にHuman Causesが上回り、現在では8割に近い数字となっている。テクノロジーの進歩により技術的な不足感はなくなりつつあるが、代わりに複雑化したシステムを取り扱う人間への負担が増していることが如実に表れたデータだ。ただし、事故の絶対数は右肩下がりで減少していることは付け加えておく。

次に、自動運転事故が発生した場合に投げかけられることが予測される議論を、２００１年に発生し１００名の重軽傷者を生じた「日本航空機駿河湾上空ニアミス事故」から解説する。この事件は、航空管制官の指示ミスにより2機の旅客機が接近し、航空機上に搭載されたＴＣＡＳが作動したことに端を発する。担当の管制官はレーダー上の表示から接近に気がつき、一方のパイロットには上昇、もう一方には降下の指示を発出したが、衝突回避操作が必要な状態を感知した互いのＴＣＡＳは、それとは反対の指示をコックピット内に発出した。不運にも両機が降下する操作を選択したため更に接近を続け、あわや空中衝突ともなる寸前に一方のパイロットが異常な急降下措置を取り衝突は免れたが、シートベルトをしていなかった多くの旅客や機内サービスを行っていた客室乗務員が天井に頭を打ち付けられ負傷した。

人間とシステムが複雑に絡み、発生に至った事故だった。再発防止を強く望み、自分にとって不利な証言も含め事故調査に全面的な協力をした当事者の管制官は、一審は無罪、二審は逆転判決で有罪となり、２０１０年10月26日、最高裁判所は上告を退け執行猶予付きの禁錮刑が確定し、国家公務員法第76条の規程に従い失職した。管制官が自ら認めた言い間違いが過失責任の争点となったが、言った通りに飛行していれば、それはそれで衝突を避けられる結果になっていたことは明白だったため、自白以外に間違いと断定できる証拠はなかった。この教訓を得た現在、TCAS発動時にはTCASの回避措置を絶対的に優先することが世界共通の認識となっている。

自動運転技術はヒューマンエラーを防止し、交通事故数を抜本的に減少させる策として期待されている。しかし、ひとたび負傷者、死傷者が出たともなれば、刑事責任は運転手だけでなくシステムを構築したプログラマーにまで及ぶ可能性がある。原因究明は関係者への免責なくして行えないが、被害者感情を優先する現在の法制度はそれを許さない。交通事故により生命が失われることがない社会を作るためには、集団意思を最大限に尊重し個々の責任追及を放棄する必要があるが、安全構築システムの一部になれと言われて人間は受け入れられるだろうか。

協調的意思決定という交通管理の社会主義

空の世界で国土交通省が2022年の全国展開を目指すA-CDM(Airport Collaborative Decision Making:空港協調的意思決定)は、空港の混雑を緩和する策として検討が進められているが、意外なことに円滑な交通の究極形を阻む要因は、技術的な問題に加えて人間が当たり前に持つ感情にある。

旅客機のキャビンでは小窓の景色からしか外を認識できないため、出発した航空機が空港のターミナルからどこに向かって地上走行しているのか分かりづらいかもしれないが、「当機はまもなく離陸します」のアナウンスが流れる地点が滑走路手前であることは想像しやすいだろう。複数のターミナルを持つ大規模空港では、それぞれの場所から出発用に指定された滑走路の端までの地上走行経路（誘導路）は異なるが、最終的には1本の誘導路に合流し滑走路手前で列を作る。「当機は○番目に離陸します」は、序列が決まる誘導路の交差点を越えて離陸待ちの状態にあることを意味する。

人は誰しも時間の無駄なく目的地に着きたいと考えている。行列に並んで待つのが嫌なのは人類共通であり、急いでいるときや混雑が予想される状況においては、他人を差し置いてでも先に着きたいと思うものだ。旅客機の運航も実態はこれと全く変わらない。

航空会社の利益を一身に背負うパイロットは、ターミナルから滑走路まで日夜デッドヒートを繰り広げており、それを管理するのも航空管制官の役割であると言える。とはいえ、単純な馬と手綱の関係ではない。自機と他機の交信から状況を把握し、互いにミスを防止する息の合ったコンビの要素も含まれていることは、誤解のないよう付け加えさせていただく。

航空機は誘導路、滑走路、レーダー空域、航空路、それぞれ限られたリソースの中で航行している。無駄な待機時間をなくし、リソースを最大限に有効活用するには、時間当たりの機数を均等に割り振り、各機の飛行状況からセクション毎の予定時刻を正確に把握しなければならない。また、航行中のトラブル等に起因する遅れなどを変数として扱い、オンタイムとの差分は常に更新し誤差は抑える必要がある。交通管理者はこれから出発する航空機に対し集められた情報に応じた出発時刻を指定し、到着まで遅滞なくフライトを終えることを保証するというのがA-CDMの考え方の根本であり、言わば無駄な競争を止めリソースを有効活用する交通管理の社会主義だ。これにより、移動中の機内に拘束されない自由な時間が生まれ、燃料消費も抑えられ環境保護に繋がる。奪い合えば足りず、分け合えば余るを地で行くシステムなのだ。

欧州ではすでにA-CDMの運用は一般的になっており、ユーロコントロールが2016年に発表した〝A-CDM Impact Assessment（空港協調的意思決定影響評価）〟では、年間の遅延時間、燃料消費、運航コストを平均7％減少させたと結論付けられている。

社会インフラに最適化した自動運転による管理においては、車内で目的地をセットするだけで最適な出発時間、到達順位を時系列で確認できるだろう。そこには追い越しの概念が存在しない。

自動運転車が走る未来を受け入れ難いとする理由は、突き詰めていくと自己中心的な発想が多い。その典型的な例は、運転する楽しみを奪うなという理論だ。安全運転ができない人間を管理できていないことが問題であって、自動車そのものに技術的な欠陥があるわけではないという言い分だが、ヒューマンエラーの理解が欠乏している論であることは明確である。運転は管制と同じように、予想と判断の連続で脳を疲弊させる。自動化は、ヒトをより効果的に機能させるための手段なのである。道路交通が競争から秩序にシフトしていくことで安全性と定時性が高まり、自動車は今以上になくてはならないモノとなる。

自動運転は、個々の安全性と利便性の向上にばかり目を向けられているが、集団交通流の観点からすると道路という限られたリソースを最大限に有効活用する仕組みの始まりである。

6 ゲームAIから見た自動運転

三宅陽一郎

自動運転車の動きを人間の操作の補助あるいはその延長線上にあるものに留めるのではなく、より自律させるためには「感覚・思考・行動」が伴う設計をしなければならない。実はゲームクリエイティブの世界では、すでに人工知能がこれらを行えるシステムが出来上がりつつある。自動運転車がその知能を手にいれるためのロジックを考える。

ゲームキャラクターと自動運転車の類似性から未来を探る

ゲームキャラクターと自動運転車は似ている。どちらも環境から情報を集めて、意思決定を行い、身体（ボディ）を動かすという点だ。つまり、知能の基本的な3つの機能「感覚・思考・行動」を伴っている点で共通している。またゲームキャラクターは常にプレイヤーのために存在する。プレイヤーの敵になったり、味方になったり、戦ったり、お喋りをしたり、プレイヤーを楽しませるように活動する。車もまた人のために存在し、人を乗せて走る。車の目的はもちろん、目的地に安全にたどり着くことだが、ＡＩを持つ自動運転車の役割は、ユーザーを監視し、道中で車中の人を楽しませ、サービスすることも含まれるだろう。

デジタルゲームにおける人工知能は、この20年で、ゲームの大型化・複雑化に比例してより高度な知的機能が要求されるようになった。このような「ゲームＡＩ技術」はゲームという箱庭の環境の中で急速な進化を遂げ、今、ゲーム以外の分野にも急速に応用されつつある。

自動運転は社会のインフラである。一方でゲームはエンターテインメントでユーザーを楽しませるために存在する。それは社会の両極でありつつ、共に豊かな可能性とビジョンを持っている。ここでは、ゲームＡＩ技術という対極から、車そのものを一つの人工知能とみなした時の、人工知能技術、ソフトウェア・アーキテクチャ[1]などにおける可能性を説明していくことで、自動運転の未来像を描きたい。

[1] 定義については、発言者によって若干のゆらぎがある。おおまかにいえば、ソフトウェア製品を設計するときに、機能や意匠などからなる全体像と、その製品を構成する要素の役割や関係性を構築するもの。ソフトウェア・アーキテクチャの文書化を意味することもある。

一個の生命体のような知能、エージェント・アーキテクチャ

ゲームキャラクターとは、デジタルゲームの中に出てくる敵や味方のキャラクターのことをいう。プレイヤーが操作しないキャラクター、つまり人工知能で動くキャラクターのことをノン・プレイヤー・キャラクター（ＮＰＣ）ということもある。

15年前に、ゲームキャラクターの人工知能は大きく方向転換をした。それまでは、ゲームデザイナーがゲームを俯瞰的に見て、ゲームキャラクターを操り人形のように、動いて欲しいと思うように動作を指定していた。この動作を指定するのにスクリプトと呼ばれる簡易言語が使われたところから「スクリプティッドＡＩ」と呼ばれている。ゲームが平面

三宅陽一郎（みやけ・よういちろう）
国際ゲーム開発者協会日本ゲームAI専門部会チェア、日本デジタルゲーム学会理事、芸術科学会理事、人工知能学会編集委員。京都大学で数学を専攻後、大阪大学大学院物理学修士課程、東京大学大学院工学系研究科博士課程を経て、人工知能研究の道に入る。ゲームAI開発者としてデジタルゲームにおける人工知能技術の発展に従事。著書に『人工知能のための哲学塾』（BNN新社）、『絵でわかる人工知能』（共著、SBクリエイティブ）がある。

的な2Dの時代には専らこの作り方がされていた。もちろん現在でも、このような作り方は小型・中型のゲームのキャラクターの人工知能のために行われている。しかし、ゲームのステージが広大かつ複雑な3D空間になり、このような外部から操る手法に限界が見え始めた。そこで、「操作されるキャラクター」から「キャラクター自身に考えさせる」という自律型人工知能（autonomous AI）への方向転換がなされたのである。自律型人工知能とは、キャラクター自身が感覚、思考、自らの身体を制御する力を持つ知能のことである。これによって、キャラクター自身がまるで1個の生物のように、自ら周囲の状況を認識し、思考し、行動する知能を持ち始めた。

この知見を踏まえると、自動運転を考える時に、二つの見方が導かれる。一つは、自動車に自動運転という機能を付ける、という考え方、そしてもう一つは、車そのものを1個の自律的知能として考える、という考え方である。前者を「機能特化型人工知能」、後者を「自律型人工知能」と呼ぶ。たとえば「カーナビ」「自動追尾機能」が独立した知的機能として、簡単に言えばドライバーがいつでも一つひとつを個別にオン・オフできるのであればそれは「機能特化型人工知能」である。一方で「自律型人工知能」と言った場合には、そういった機能を指すのではなく、自動車自身が「感覚、思考、自らの身体を制御する力」を持ち1個の知的存在として自らの判断で「カーナビ」「自動追尾機能」を使いこなしながら自動運転する知能をいう。

今、世の中にあるほとんどの人工知能は「機能特化型人工知能」である。すなわち、人間が一つの問題を設定し、それを解くために存在する人工知能である。eコマースの推薦システム、カーナビなどの経路検索、自動翻訳、会話生成、顔認識といったサービスなどはこれに当たる。特定の機能を持つことで世の中に入りやすい形を持っている。一方、自律型人工知能は、その存在そのものが1個の知性のように働く人工知能である。これは例が少なく、ロボット、そしてゲームキャラクターのように「まるごと1個の知性」を作ることである。汎用性があるが、逆に応用の場所が限られている。とても大雑把に言ってしまうと、この15年、ゲーム産業における人工知能はひたすらこの自律型人工知能の分野を牽引し発展させ、アカデミックはどちらかというと機能特化型の人工知能を発展させてきたといえる。ここでは自律型人工知能の立場に立って説明していきたい。

自律型人工知能としてのゲームキャラクターを作るためにはまず五感（センサー）を与える。たとえば視覚は周囲に光線を放って、オブジェクトとその光線がどのように交差するかを判定するのである。これはレイキャストと呼ばれる。聴覚は音源からキャラクターまでの音の伝搬シミュレーションを行うことで生成する。光線と違って直線である必要はなく、隙間があれば音はジグザグに進んできてもかまわない。物陰からでも敵キャラクターの足音がすればその存在を認識する。触覚は、身体と環境、物体との交差を判定する。現代のゲームは物同士の力学をシミュレーションする機能が入っているのが普通であるから、これによって物理的な運動の制約を受ける。このように五感を一つひとつ作って、あらゆる瞬間に五感を働かせるようにすることで、自動的に周囲の環境を認識するようになる。あらゆる瞬間というのはゲームの場合は60分の1秒ごとの更新を意味する。このように、リアルタイムに動作する人工知能は「リアルタイムＡＩ」とも呼ばれる。ロボット、ゲームキャラクター、自動運転に共通するのはこのリアルタイム性である。他の人工知能ではリアルタイム性が求められることはほとんどないが、それをひたすらに探求したのがゲームＡＩだ。

次に、獲得した情報を整理して、現在自分の置かれている状況を「認識」する。自分が敵に囲まれているのか、ダンジョンのどこにいるのか、味方はどこにいるのか、宝箱はどこにあるか、などである。そして「認識」の後には、自分の行動を決定する「意思決定」の過程が始まる。ゲーム内では意思決定を行わせるために8つのアルゴリズムを使う。人間の意思決定というのはとても高度で複雑なので、そのまま人工知能にすることはできない。なので、意思決定の多面的な特徴を一つずつ取り出してアルゴリズムにしている。その特徴を言い表すのが、「○○ベース」という表現である。「ルールベース」「ゴールベース」「ステートベース」「ケースベース」「ビヘイビアベース」「シミュレーションベース」「タスクベース」「ユーティリティベース」がある。たとえばルールベースであれば、「この場合はこうする」というルールを数多く記録・分類して行動を指定することを意味する。「ゴールベース」は大きな目標や小さな目標を階層的に積み上げて、それを一つひとつ達成していく制御方法を意味する。最終的には「戦う」「逃げる」「魔法を使う」「話す」など可能な行動から一つを選択する、あるいは、複数の行動を組み合わせたプランを決定することになる。

意思決定が終わると、それに基づいて身体を動かす過程が始まる。これを「行動生成」のプロセスという。キャラクターにはボーンと呼ばれる骨の代わりとなる「連結された線分」が入っているので、ボーンを動かすことでキャラクターの身体を動かす。

このように「感覚」「認識」「意思決定」「行動生成」というプロセスが一連につながると、自律型人工知能の最低限の要件が満たされる。この4つの機能は独立して作られることから「モジュール」と呼ばれる。モジュールとは「ソフトウェアにおける部品」のことである。つまりそれぞれを再利用したり、改良したりすることができる「モジュール型デザイン」になっている。さらに「記憶」モジュールを加えて、全体を一つの有機的なシステムとして捉える設計を「エージェント・アーキテクチャ」と呼ぶ【図1】。「エージェント・アーキテクチャ」はロボットの汎用的な基本設計で、ゲーム産業でも、キャラクターの人工知能のためＭＩＴメディアラボの研究を通じて２０００年頃から導入されて、今でも基本技術の一つになっている。

エージェント・アーキテクチャは世界と知能の間の情報の通路を整備する。この情報の通路のことを「インフォメーションフロー」という。ちょうど人間が口から食道、胃、大腸を通って物を食べて消化して排せつするように、人工知能は情報を集め、解釈し、行動を生み出す。この「環境と知能の間のインフォメーションフローをいかに形成するか」、ということが、自律型人工知能を作るための中心的課題なのである。

自動車を自律型人工知能とみなす方向でも開発が進んでいる。自動車に「感覚」を付けるとは、たとえばカメラで周囲の映像を撮る、レーザーを周囲に照射して反射を視る、マイクで音を拾う、ボディに受ける風力を計測する、周囲の明るさを検知する、タイヤの振動と表面の状態から路面情報を取得する、ＧＰＳで位置情報を取得する、車体の振動から車体に接しているものがあるかないか、など、車体全体を通して、周囲から情報を

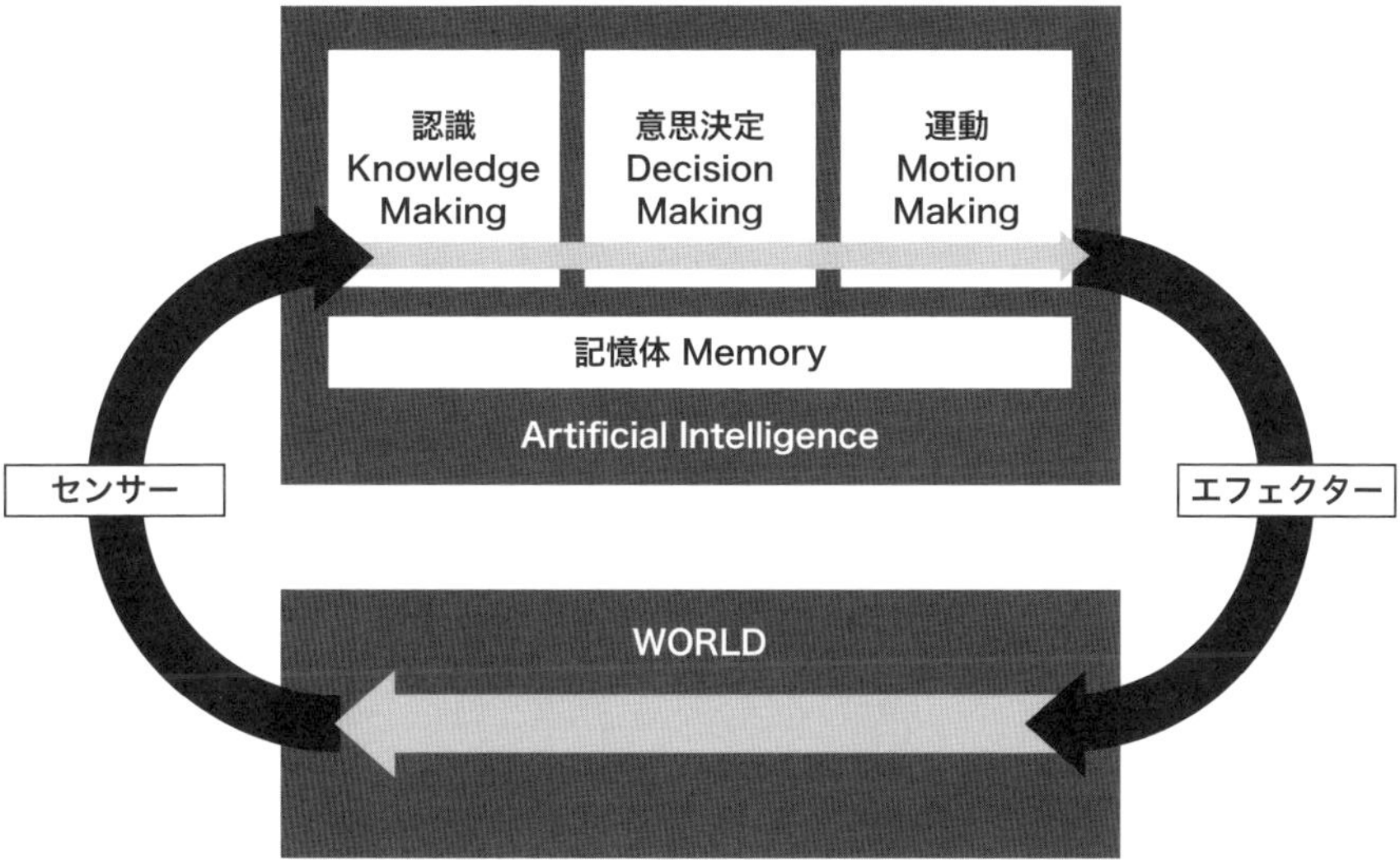

[図1] エージェント・アーキテクチャ（矢印は情報の流れを表す）

収集することを意味する。それは同時に、車自身の身体状態を車自身が監視する（感じる）ことにもなっている。世界を視ることは、世界から視られることでもある。

次に収集した情報から自分自身の状況を「認識」する過程である。大きな視点からはどの道路のどの位置にいるのか、さらに周囲の車や歩行者の状況、そして最後に車の周囲の環境状況などの知識をリアルタイムに取得した情報から組み立てていく。そして、その認識の上に「意思決定」がある。これまでのプランの通りに進むのか、信号があるから止まるのか、自転車を認識したのでスピードを緩めるのか、次の交差点で曲がるのか、速度はどうするのか、加速度はどうするのか、ヘッドライトやテイルランプは点けるのか、ウィンカーを回すのか、もっと抽象的なところではルートを変更するのか、目的地はこのままでいいのか、もし車に会話機能があれば運転手に伝えるべきことがあるのか、などである。可能な行動をリストアップし最優先事項を決定し、それらを組み合わせてプランを作成する。最後には「行動生成」がある。意思決定に基づいた行動を生成する。これは車の加速・減速、ハンドリング、ヘッドライトを点ける、などに相当する。こうして環境の中で運動を形成する。そして、もう一度同じループが各瞬間に繰り返されることになる。

このように自律型人工知能とは、人間の知能や制御を自動車に押し付けるのではなく、自動車から見た世界、自動車自身の知能による判断、自動車自身の身体の運動という、自動車自身の知能を作る、という方法である。自律型人工知能はその場でその時にリアルタイムに環境と自分の固有の関係を構築する。自分自身をうまく環境に埋め込む、なじませる知能なのである。これによって、その自動車自身の車体特性や、その場の状況に柔軟に対応する知能を作りやすくなる。つまり、今、自分が環境のどの情報に着目するべきなのか、どのような意思決定に集中するべきなのか、どのような運動を形成するべきかを、インフォメーションフローによって、環境と一体となった状態から構築していくことができるのである。

生物が観る世界、自動車が見る世界

生物はその生態に応じて見ている世界が異なり、これを「環世界[2]」という。ゲームのキャラクターの基本は、まずこの主観的世界を構築することから始まる。つまり「車を一つの知性と捉えるならば」、車が見るべき世界というものを作らねばならない。では、車を巡る環世界とは何なのか？　環世界を持つ車はどのようなものになるのかについて考えていこうと思う。

人工知能の研究・開発は生物と環境のかかわり方を探求する学問と言える。前述した「エージェント・アーキテクチャ」はエンジニアリングの視点から、かなりソリッドな（堅い）アーキテクチャになっている。しかし、次は視点を変えて、生物の世界に深く分け入りながら人工知能について考えてみよう。そうすることで、エンジニアリングの堅い視点からは見えてこない、新しい車の可能性が見えてくる。

生物は客観的に世界を見ることはできない。たとえば人間はリンゴを見ると唾液が出る。これは意識的な行動ではなく、世界を解釈している無意識の部分がすでにリンゴを「食べるもの」と判断しているからである。生物である限り、世界を食べるものと、食べられないものに明確に区別する必要があるのだ。ではなぜその必要があるかといえば、我々には身体があり胃袋があるからである。物を食べて生きるという生態がある。つまり、生物は自分の生態に応じて世界を主観的に見ているのである。そしてその主観は決して意識的にコントロールできるわけで

[2]　動物は種特有の知覚世界を持って生き、行動しているという考え。ユクスキュルによれば、時間や空間は動物ごとに異なる知覚をされている。

はなく、猫は特定の動きに反応し、犬は匂いに反応する。生物の知能は身体を通して積極的に世界との関わりを主体的に構築しているのである。

こういった考え方を定式化したのが20世紀初頭のドイツの生物学者ヤーコブ・フォン・ユクスキュルである。ユクスキュル（1864―1944）はもともと解剖学者であったが、戦争で実験資金などが困難になり、それまでの知見を集めて生物の新しい理論「環世界」を提唱するようになった。その根底には同時代の新しい哲学「現象学」がある。「現象学」も「環世界」も共通するのは、人間や生物を「環境に埋め込まれた存在」として見ようとすることである。つまり、まず環境という生物も世界も一体となった全体があり、そこから存在を考える、という見方である［図2］。これは生物学としても、哲学としても大きな転換点であった。この波はかなり遅れて人工知能の分野にも来つつある。

環世界では無限の世界の中で有限な生物がど

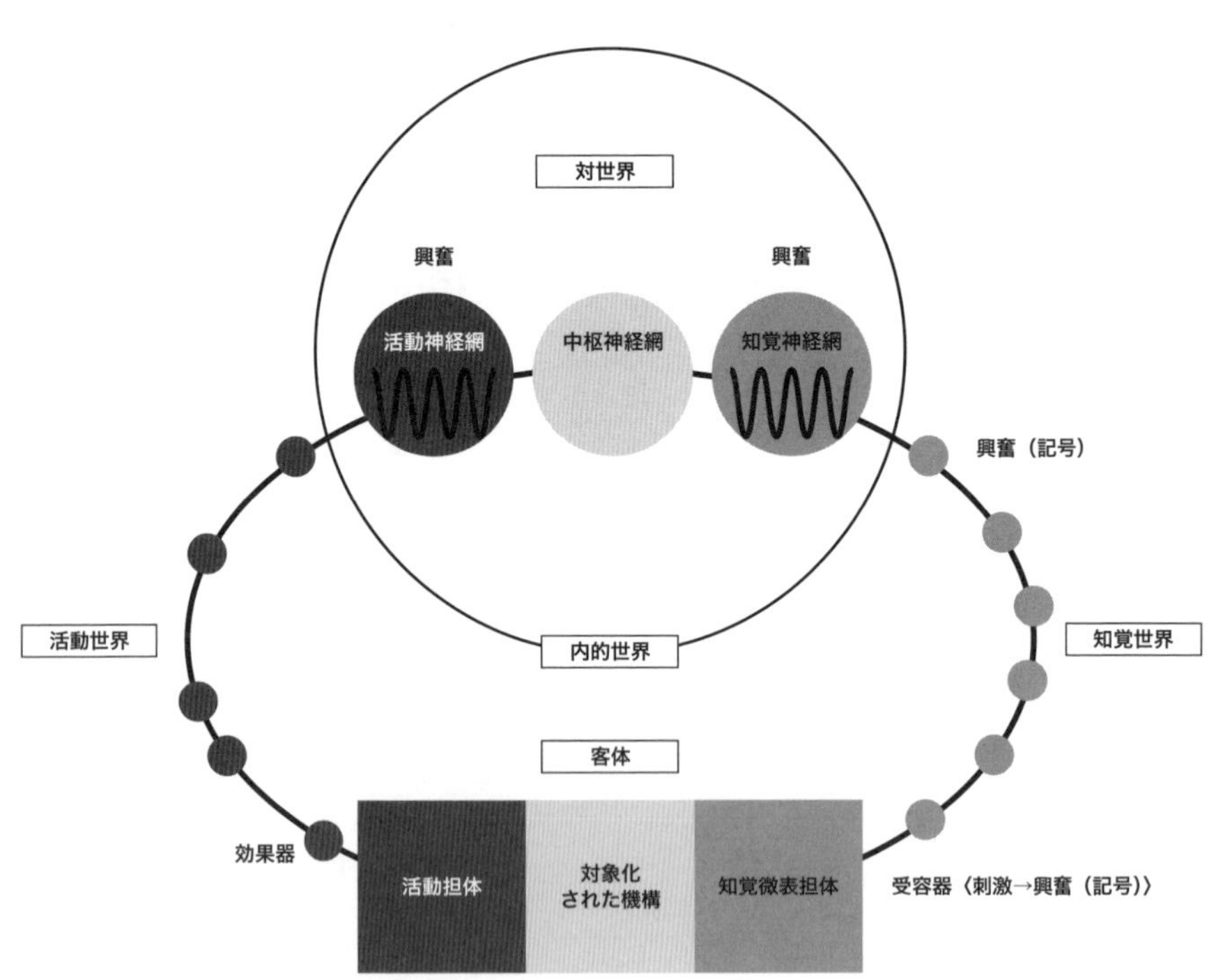

［図2］環世界のフレーム

のように自分を世界に埋め込むか、ということが大きなテーマとなる。まず、生物は自身の生存に必要な世界からの特定の情報に反応するようになっている。匂い、動き、視点などだ。次にその情報に対して、そこから世界の特定の場所に向かって自分の中の特定の運動のシークエンス【3】が起動される。たとえばダニは生物が発する湿気に対してそこに飛び乗って血を吸ったり、カメレオンはアメンボの特定の動きに反応して舌を伸ばしたり、サバンナのチーターは小動物の色や動きに反応して駆け出す。それぞれの生物には長い進化の中で、世界の特定のパターンに対して特定の運動を展開する関係が構築されている。それが環世界の考え方で、これによって生物は環境の中に埋め込まれているのである。

【3】『生物から見た世界』ユクスキュル、クリサート、訳・日高敏隆、羽田節子（岩波文庫）。

車はどのような「環世界的視点」を持ちうるか？

自動車は鉄の鎧に覆われて風をきって走る。それはまるで外界を遮断し、ひたすら前へ前へと自分で進んでいく。エンジンを駆動し、ただ前へ前へと進めるだけで、世界に対して孤立しているように見える。しかし、車は複雑な内部構造、つまり身体、生態を持つので、本来、環世界的視点が十分にフィットするはずである。より「生物的な車」を実現するには何が必要であろうか？　車の生態とは何だろうか？　もちろん、普通に考えれば車は機械だから生態などないだろう。しかし、私がゲームのキャラクターに生態を実現しようとしてきたように、車が生態を持つためにはどうすればいいかを考えてみようと思う。

車はガソリンで動く。電気自動車ならば電気で動く。それをうまく排気することで進む。これは生物が食べ物を食べてエネルギーを得るのと似ている。ただ車が生態らしくないのは、ガソリンも電気も注入される、つまり自主的に取得するわけではない、ということである。しかしやがて車が人工知能を持つことで、燃料がきれそうになることをまるで空腹感のように感じられれば自身でガソリンスタンドや電気スタンドへ行くようになるだろう。燃料を注入する具体的な操作を車自身ができるようになれば、その行為に人は一つの生物の印象を受けるようになるだろう。「人間が燃料を与える」から「車が燃料を求める」ことに変化するわけなのである。

しかし燃料だけではやや足りない。つまりそれは食べ物を食べるだけの生物みたいなものであるから、世界の情報を自分の生態に応じて集める、という側面をより車が持つようになることが必要である。車に感覚を与えてやることが必要なのだ。たとえば、車のボディにソーラーパネルを入れて発電することができるようにするとする（本稿は思考実験としての意味を持つので、エンジニアリングの観点から振動や強度の問題があるかもしれないが、今はその点を留保して、これがどんなことになるかを考えてみよう）。ソーラーパネルのどこにどれだけの太陽が当たっているかをセンシングできるようにする。すると、その車は電気が減ってくれば、移動しながら日の当たり具合を「感じる」ことで日が当たりやすい場所に行くことができるようになる。晴れた日の猫のように、自動車もガレージから日向に出てくるようになるのである。自動車は日光が自分にとって必要なことを知っているから、世界は平坦ではなく、日の当たっているところを良い場所、当たっていないところを悪い場所、といったように認識していく。次第に車の主観世界が形成されるのである。

人を経験できるように車を設計する

しかし車は単独で生きるものではない。搭乗者と一緒に運動するものである。すると、そもそも車にとって搭乗者とは何だろうか？　ひいては、人間とは何だろう？　車に人工知能を入れるなら、車の人工知能の人間に対する認識を実装する必要がある。それは車の人工知能にとって最も重要な認識である。人間が燃料を注入してくれるなら、ドライバーは車にとってなくてはならない存在である。歩行者は車にとってなんだろうか？　あるいは、他の車はその車にとって何だろうか？　車に知能を与えるのであれば、この3つの問いが中心的な問いになる。つまり、車にとって世界、人間、（他の）車とは何か？　という問いである。

もちろん便宜的にルールを与えることはできる。人間は大切、車は仲間、車間距離は1メートル以上、人には危害を加えない。しかし、ここで議論しているのは車の生態というものなのである。車が車自身の知能として、外から与えられるものではなく、内側から世界を、人間を、車をどう捉えるかという問題である。車がこの世界を生きる中で人間とは、車とはという姿が、どう自然に浮かび上がってくるか、という現象なのだ。それが環世界的なアプローチである。そして、その鍵を握るのが、車の内部構造であり生態なのである。

犬はなぜ飼い主を大切にするのか？　猫はなぜ舐め合うのか？　それは犬にとって飼い主との関係を構築するのに十分な経験があり、猫にとって他の猫との可能なインタラクションがあるからだ。同じように、車が生きる世界の中で「人間がどのように存在するのか」という問いは人間と車の関係によって決定づけられる。コミュニケーションは双方向のものである。接し方によって人間と車の関係は決まっていくだろう。

しかし、まだ現在は「車＝人間が運転するもの」という単純な関係である。これでは車と人間の関係が淡白なものにならざるを得ない。それでは何か人間と車がそれ以外の関係性を築く方法はないものだろうか？

車好きな人は、自分の車にべたべた触られるのは嫌なことかもしれないが、車と人間の触れ合いによるコミュニケーションを考えてみよう。たとえば、車の鼻の部分を人間がなでてあげる、ボディをこすってあげるといった愛情表現である。もちろん今の車は触覚など持たない。しかし圧力センサーなどで触覚を持たせることを考えてみよう。車は人をそういうことができる相手として見るようになる。その時、車にとって人ははじめて車の経験の中に入ってくる。触覚だけではなく、映像などからも認識できれば、人間の形を学ぶようになる。マルチなセンサーから学ぶことは多いだろう。人間はゆっくりとしか動けないことも学習できる。そのような積み重ねによって、人間は車にとってある特別な存在として浮かび上がってくる。また車と人の協調した運動を、ゆっくりとした運動から確立していく。人が車を避けてあげれば、車もまた自然に人を避けてくれるようになるかもしれない。

車が人をどのように経験するか、そこから始めるのが環世界のアプローチであり、かつ現象学のアプローチである。それは外側から一気にルールを押し付ける方法よりも、ずっと「もどかしい」アプローチなのだ。しかしトップダウンからは抜け落ちてしまう知能の本質がそこにはある。車が人を経験できるように、車を設計する。たとえば車に音声装置を入れて、人の言葉を聴けるようにする。また車が話せるようにする。人とは何かという情報を一つひとつ車の経験の中に蓄積していく。そこから人と車の関係を樹立していく。車と人のやさしい関係をゼロから作っていく。人の意図を理解し、人の行動を予測し、最後は人の感情、人という存在を理解するようになれば、車社会はより新しい体験を我々に提供してくれるだろう。

キャラクターの持つ身体、自動車の持つ身体と身体性

知能にとって、身体はとても重要である。自然界には身体のない知能は存在しない。人間の脳の中心は脊髄によって身体とつながっていて、身体を通して知能は世界とつながっている。風を感じる、夕日を浴びる、土を蹴って走る、寒さを感じる、波を見る、映画に感動する、すべて世界を身体によって受け止めた体験である。脳は身体の一部であり、同時に身体は脳の拡張でもあるのである。生物は身体によって世界を生きている。生物のあらゆる経験は、身体的経験として成立し、それが脳に記憶されていく。身体がない場合、受け取るものは情報となる。情報と体験は異なる。情報は受け取るものであり、体験は生物が主体的に作り出すものだからだ。

ところが、たいていの人工知能には身体がない。与えられた問題を解くために作られた人工知能には、その問題を解くために必要な思考さえあれば良いからである。現在、さまざまな場所で駆動している人工知能のプログラムは、与えられた課題に対する思考しか行わないという意味で知能を持ったプログラムではあっても、外の世界の情報を主体的に取り入れて思考する全体的な1個の知能ではない。このような人工知能は極めて細い糸によってのみ世界と結びついている。このような人工知能はデータの中にあっても、実際の世界に参加してはいないのである。

ここから身体の意味が見えてくる。生物は、身体として存在するからこそ生があり死があり、

保身があり、食べる必要があり、また生殖がある。朽ちていく身体があるから、生と死という抽象的な問題が生まれる。身体によってこの世界にあるからこそ、生物はさまざまな問題に「自ら」直面するのである。身体を持たない知能には自分の問題というものがなく、与えられた他者の問題を解く。身体を持ってはじめて知能は世界の中で独立した「丸ごと1個」の知能となるのである。

ゲームキャラクターの身体

私の作っているようなデジタルゲームには、ゲームの世界があり、ゲームのキャラクターがいる。ゲームの世界は精緻な物理シミュレーションを持った三次元空間である。ゲームキャラクターには内臓はないが、骨格と皮膚を持っている。骨格はキャラクターの運動を作るためにある。通常モーションキャプチャ装置などで動物の骨格運動を記録したデータを取得し、キャラクターの骨格を通じて再生することで、動物そっくりの運動を実現する。皮膚は見かけ上の生物の外見を作り出すために用いる。身体を動かすためにゲームキャラクターの知能は、「ゲームの世界を自身の身体運動の可能性」によって認識することが必要だ。たとえば、キャラクターの目の前にある一つの大きな岩を考える。その岩は飛び越えられるか、その岩の上を歩けるか、その岩を動かせるか、転がせるか、蹴り飛ばせるか、など身体とその運動との関係性におけるさまざまな可能性を認識することが必要なのである。また小さな隙間があれば、そこに身体を入れるかどうか、身を隠すことに使えるかどうかを、あらかじめ視覚の情報から認識することで、いざという時にそのような運動を実際に選択することができる。このように、生物は自らの身体運動の性能によって世界を認識する。なぜなら、そもそも世界を認識するのは、生存やその都度の目標に沿った身体運動を実現するためであるからだ。つまり身体運動は、生物が空間的、時間的に自らの可能性を認識する基本単位なのである。身体運動は認識と行動が共有する尺度なのだ。そうであるから「一般知能」というものはなく、生物は皆、その身体運動と生態によって環境を認識する知能を持つのである。

ボディを知覚する自動運転車

ゲームの世界のキャラクターと同様に、自動運転車は身体を持っている。だから自動運転車には知能を宿す資格があり、一つの知能としてこの世界に存在できる可能性がある。しかし現在の自動車のボディは「動かされる機械」であり、「自ら動く」知能の身体ではない。自動運転車であっても、運転が単なる運転アルゴリズムで終わる限り、自律した知能体ではないのである。逆に自動運転車が自らの知能と、知能と密接に結び付いた自らの身体を持ち、そして身体を通して世界を認識し、そこから運動を生成するのであれば、それは自律型人工知能ということができる。その機能の一つとして自動運転を有する時、環境の中の身体運動の可能性を認識して用いることができるようになる。

自動運転車のボディを知能の身体とするためには、車のボディを有機的なものにしなければならない。これは、素材を有機性のあるものに変えるという意味ではなく、車自身が自分の身体の状態を知るように「神経＝センサー」を張り巡らせるということである。通常、自動運転車のセンサーは車の外の世界を認識するようにできている。周囲の情報を取得し上手く運転するためだ。しかし、車自体が知能であるために必要なのは、自分自身への感覚である。自分の身体の状態「身体感覚」と、身体運動の知覚「運動感覚」を持ち、他者や環境からの干渉を知覚する。身体内部の状態を常に監視し、身体の変化を予測してこそ、「まるごと1個の」知能としての人工知能が始まる。身体は世界を感じる身体であると同時に、世界を主体的に生きる身体でもあるのである。受動と主体という二重性こそが、身体の本質的な特徴である。生物はそのような身体によって世界の流れの中に参加しているのである。

ゲームキャラクターと自動運転車はよく似ている。身体を持ち、知能を持っている。人は頭に落ち葉がかかると払うが、自動運転車は今はそうではない。天井に落ち葉が積もってもそれを感じられる感覚がないからである。雨に濡れても、砂がかかっても、何が起きているかわからない。それは未来の車ではない。未来の車とは、自ら知能を持ち、世界を感じる身体を持つ人工知能生命体（artificial life）となる【図3】。あらゆる瞬間に自ら感覚を持ち、自分の身体の状態と身体の運動を知覚する。自分が濡れているのか、土埃だらけなのかを知覚し、自らの運動状態を知覚する。また座席の下には圧力センサーがあり、どんな加重がかかっているかを認識する。やがてそこから学習して、その車の家族の構成や子供の成長の軌跡や主人の肥満すら学

知性体としての車

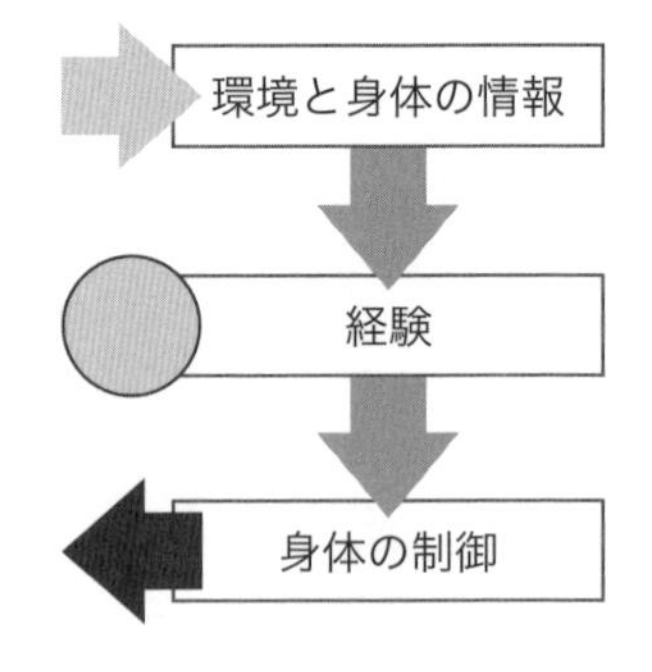

知的機能を持つ車

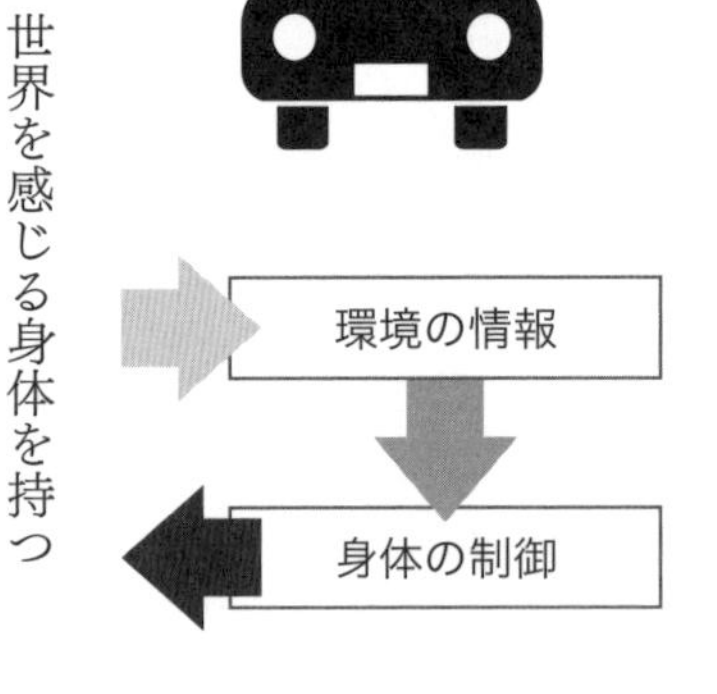

[図3] 身体を通して世界を認識する人工知能生命体としての自動車

ぶだろう。また、匂いセンサーで車内の香りを感じて調整することも簡単である。また、あらゆるドライビングの経験を蓄積することで、自分がどこを走っていて、この前はどんな風を感じたか、昔と今はどう違うかを、そこにある空気を「経験」することだろう。車はやがて世界を体験し、その体験によって人と同じ感覚を共有するのである。

「マスター、このあたりもすっかり寂しくなりましたね。前に来たのは暖かい時期でした。もう少し行くと紅葉がきっと綺麗ですよ。前に来た時よりもマスターは5キロ太りました。幡ヶ谷で乗せた香水のきつい女性とご一緒でした」

「！」

そんなふうに車が語る未来が来るだろう。身体を持つ知能だけが経験を持つ。身体を持たない知能は観測するのみである。それは情報だけの世界である。しかし身体を持つ人工知能は世界を経験し、人と語り、人と体験を共有することができる。たとえ身体の形は違っていても、同じ世界に属している、同じ世界に生きているということが、人と車の間の共感を生み出す。世界はやがてたくさんの車によって経験されるものとなり、その技術はあらゆる機械へと応用されていくことだろう。

7

ロボットとしての自動運転システム
〈もうひとりの運転主体〉とのソーシャルなインタラクションにむけて

岡田美智男

これまでの自動車は、ドライバーにとって自らの身体の拡張であった。しかしレベル3以上の自動運転車では、ドライバーと異なるシステムが運行の大半を担うこととなる。そのようなシステムと人とのコミュニケーションはどのようにデザインされるべきなのだろうか。ヒューマンロボットインタラクションの視点から、自動運転システムが「弱さを開示する」ことの重要性を考える。

はじめに

コミュニケーションに対する認知科学的な関心から、筆者はソーシャルなロボティクスや、人とロボットとの関わりを議論するＨＲＩ（Human-Robot Interaction）の研究を進めてきた【1】。最新の自動運転技術に関しては門外漢に近いが、自動運転システムは多様なセンサーからの情報に基づいて、アクチュエータであるエンジンやモータを制御しているという意味で、まさに〈ロボット〉そのものともいえる。そうしたロボットとしての〈自動運転システム〉とそこに

【1】『弱いロボット』シリーズ ケアをひらく（医学書院）、『〈弱いロボット〉の思考 わたし・身体・コミュニケーション』講談社現代新書など。

同乗するドライバーとの関係はどのようなものとなるのか。自動運転システムをソーシャルなロボットとして捉えたとき、ドライバーとはどのようなインタラクションやコミュニケーションを可能とするのだろう。

本章では、ロボットとしての〈自動運転システム〉とわたしたちドライバーとの関わりを、コミュニケーションの認知科学やＨＲＩ研究の観点から考察してみたいと思う。

自らの身体の拡張としてのクルマ

筆者の生活のなかでも、クルマは手放せない。勤務先の大学へはクルマで通勤しており、また留守宅との行き来に２００キロメートルを超えるようなロングドライブも頻繁に行う。ちょっと眠気のあるときなどは、「このクルマにも、自動運転モードがあれば……」と思うが、クルマの運転そのものは嫌いではないし、どちらかといえば「自分で運転するに限る！」と考えてしまう方だ。

クルマを運転しはじめたころというのは、ドキドキしつつも、なんだかワクワクしていたような気がする。「こんな大きなものを果たして操れるものなのか……」と、はじめは不安に思うけれど、そうした心配はクルマを操縦するなかで、いつの間にか消えてしまう。

自らの内なる視点からは「自分のこと」や「クルマの状態」は見えにくい。しかし、アクセルを踏み込んでみたり、ハンドルを左右に軽く動かしてみたりすると、これらの行為に呼応する形で、クルマの窓の外やバックミラーに映る「見え」も変化する。その「見え」の変化のなかに、いま自分のクルマはどのような状態にあって、どこに向かおうとしているのか、そんな

岡田美智男（おかだ・みちお）
豊橋技術科学大学大学院工学研究科情報・知能工学系教授。社会的ロボティクス、関係論的なロボティクスと呼ばれる、人とロボットのコミュニケーションの成立や社会的関係の形成過程、人との関わりの中での認知発達機構の解明を狙いとした次世代ロボットの研究を行う。

「自分のこと」が見えてくる。いわゆる認知心理学者のアーリック・ナイサーなどが「生態学的な自己（ecological self）」と呼んだものである。

クルマを操作する際には、この自らの身体イメージの獲得だけではなく、身体の拡張感をも伴う。クルマはいつの間にか自らの身体の一部として拡張され、いつもは感じることのなかった「大きさや力強さ」を手にしたような気持ちになる。アクセルを踏み込んでみると、クルマの加速感が心地よい。自らの身体に新たに備わったパワーのようなものを感じるのだ。

クルマの運転を覚えたころのワクワク感や、高揚感というのは、このクルマという身体を組み入れた「行為─知覚カップリング」のなかで、新たな自己の身体イメージを獲得することで生まれてくるものだろう。また、次第に向上する自らの運転技能に対して誇りや自信を抱いたように、クルマとの関わりのなかで自らが価値づけられるという側面もある。

こうした自己の〈身体イメージ〉の拡張感という、上手に操る者としての自己肯定感のようなものは、〈自動運転システム〉との関わりのなかでどのように変容するものなのだろう。ボタン一つで、この複雑なシステムを操れるという征服感なのか、それとも〈自動運転システム〉の一方的な自律動作のなかで、「クルマに勝手に連れていかれる！」、あるいは「一つの〈荷物〉として運ばれている！」という感覚なのか。

見知らぬ街のなかを気ままにクルマで走りまわるような場面を想像してみよう。「まずは、どこに向かおうかな？」と他のクルマの流れに誘われるまま、とりあえずクルマを進めてみる。すると、目の前には大きな通りが開けてきた。その通りにある銀行のような建物や目新しいショップのウィンドーに目を奪われながら、しばらく進んでみると、大きな建物の間にある石畳の路地が目に入った。「なんだかおもしろそう……」と、その景観に誘われるようにして、その路地にクルマを進めてみると、そこは旧市街地。風変わりな看板の飾られたカフェやその軒先に並べられたテーブルが目につく……。気ままな街歩きというのは、ポイントとポイントを最短距離でつなぐような感覚ではない。

生態心理学者のジェームズ・ギブソンが「わたしたちは、動くために知覚しなければならないけれども、知覚するためには、また動かなければならない」と指摘したように、気ままな街歩きでの愉しみというのは、この〈何気ない行為〉とそれを支える〈知覚〉との間断のない「行為―知覚カップリング」から生まれる、「その街と一体となったような感覚」だろう。

「わたしたちは、その街を走っている」と考えやすいけれども、同時に「その街の通りや看板、人の流れなどが、わたしたちを走らせている」ともいえる。その街から得られる情報は、その街のなかを走るという次の行為を誘発し、その行為がまた新たな街の情報をもたらしてくれる。その意味でクルマというのは、人を目的地まで運ぶためのモビリティであると同時に、その街とドライバーをつなぐインタフェースでもあるのだ。

もちろん〈自動運転システム〉であっても、街のなかを自由に動きまわることは可能だろう。ただ、この〈自動運転システム〉の行為系とその知覚系から構成される「行為―知覚カップリング」のなかに、ドライバーはどのように組み入れてもらえるのだろう。〈自動運転システム〉の「行為」と、それによって引き起こされるわたしたちの「知覚」は、ダイレクトに結びつきにくい。〈自動運転システム〉の「行為」は、わたしたちの「知覚」のための「行為」では必ずしもない。また、そこで得られたわたしたちの「知覚」と、次の〈自動運転システム〉の「行為」とはダイレクトに結びつかない。「そんなにヤキモキするなら、ハンドルやブレーキ、アクセルなどの操作系は、たやすく手放すものではない！」ということなのだろうか。

幽体離脱した〈もうひとりの運転主体〉、その素性は?

これまでクルマというのは、ドライバーの身体の拡張としてあり、その一部として機能していた。ドライバーの「行為—知覚カップリング」のなかでは、行為系の一部に組み入れられていた。では、手動運転と自動運転の切り替えが可能な自動運転車において、「ここからは〈自動運転モード〉だよ!」とそのボタンを押したとき、ドライバーとその身体の一部としてあったクルマとの関係はどのようなものとなるのか。

〈自動運転モード〉に切り替えると、〈運転主体〉であったわたしの身体から幽体離脱したような、もう一つの身体が〈もうひとりの運転主体〉として、クルマを操作しはじめる。さっきまで〈運転主体〉としてあったドライバーとしてのわたしと、今クルマを運転している〈もうひとりの運転主体〉としての〈自動運転システム〉との二つが混在するということだ。いわゆるレベル3の〈自動運転システム〉では、この二つの〈運転主体〉が協調しあうことが求められる。とっさの危機を回避するために、すぐにでも運転に戻れるよう、運転していないときでも運転者の一人としての構えが必要になる。〈自動運転モード〉にあっても、ドライバーの心は休めてはいけないようだ。どうしたら、この二つの〈運転主体〉の間で意思疎通や協調が図れるのだろう。

まずは、「ドライバーにとって、〈もうひとりの運転主体〉である〈自動運転システム〉の素性がよくわからない」という課題がある。これまでの自動運転車のデモ場面などを見ると、ハンドルからわずかに手を離しつつも、内心ではドキドキしている感じが伝わってくる。〈自動運転システム〉に対して、まだ全幅の信頼を置けない、なかなかハンドルを手放せないということだろう。いま、このシステムはどんなことを考えているのか、次にどんなことをしようとしているのか。その素性がわからないと、手掛かりがつかめないのだ。

ＨＲＩ研究でも、これまで同様な議論がなされてきた。ロボットは、電源を入れないとガラクタに近いようなモノなのだけれど、ひとたび電源を入れてみると、あるプログラムに従った機械として動き出す。生き物のような動きをすることもあれば、ヒューマノイドロボットのようにソーシャルな存在を目指すという側面もある。モノ、機械、生き物、ソーシャルな存在と、そのスパンが広いのである。そのロボットをどのような対象と捉えるかによって、インタラクションやコミュニケーションのモードも違ったものとなるだろう。

認知哲学者のダニエル・デネットは、わたしたちは目の前で動いているものを見るとき、「物理的な構え」「設計的な構え」「志向的な構え」のいずれかの構え（stance）で、その対象を捉えるのだという。自らの身体から幽体離脱したような〈もうひとりの運転主体〉をどのようなものとして捉えるのか。このデネットの議論に沿って考えてみたい。

例えば、乗っているクルマがわたしたちの意思に背くようにして、坂道を急に下りはじめたらどうか。「自らの意思でその場を離れたかったのかな?」とは思わない、むしろ「なんらかの要因でブレーキが外れ、重力に耐え切れずに、坂道を下りはじめたのではないか。このままでは加速がついて大変なことになる……」と心配になる。その動きを物理的な法則に当てはめて解釈しようとする、「物理的な構え」と呼ばれる構えなのである。

インパネの計器やＬＥＤの点灯に対してはどうか。「そろそろ給油が近づいていますよ」のメッセージなのだが、それは「そのように設計されたもの」と捉えることだろう。このＬＥＤからのメッセージに対しては「設計的な構え」で接しているのだ。〈自動運転モード〉にあるクルマに対しても、「スピードが上がりすぎると減速し、コーナーから外れそうになると軌道修正するように仕組まれているのだな」と、ふつうは「設計的な構え」で捉えることが多い。しかし、多様なセンサーや地図情報、ディープラーニングなどで学習された制御システムとなると、その背後にある設計意図は見えなくなり、素性のわからないブラックボックスになってしまう。

こうしたブラックボックスとしての〈自動運転システム〉の振る舞いは、ドライバーの目には「何らかの意思を持ち始めた存在」として映りやすくなる。「何らかの意思を持ち、それに沿って合目的的な判断をしているのではないか」、これは「志向的な構え」というものである。〈もうひとりの運転主体〉がドライバーの身体から幽体離脱した感じというのは、こうしたシステムに対して一種の「エージェンシー」を感じていることに他ならない。

ただ、「いま何を考えているのか」は、今のクルマと同じようなインタフェースではほとんど伝わってこない。いわゆるコミュニケーションとその手段を欠いているのである。

ドライビング・エージェントを介したクルマとのコミュニケーション

わたしたちの〈クルマ〉や〈自動運転システム〉に対する構えの変化にあわせ、その対象とのインタラクションやコミュニケーション・モードも変化すると考えられる。

目の前にあるクルマをモノとして、「物理的な構え」で捉えるとき、その関わりは、押してみたり、揺らしてみたりと、そうした関わりのなかでクルマの素性を確認している。これは物理的なインタラクションである。

クルマを一種の機械や機器として「設計的な構え」で捉えるときはどうか。クルマのイグニッションボタンを押し、アクセルを踏む、そしてハンドルをまわす。カーナビの画面をタッチする。ここでは「操作」を中心としたインタラクションになっている。

こうした「設計的な構え」にあるとき、私たちはカーナビに向かって、「目的地設定！」「家に帰る！」と叫ぶことになる。それは「コミュニケーション可能な他者」ではなく、「設計された機器」に過ぎないため、命令口調になってしまうのだ。これは心を持たない機器を叱りつけているようで、なぜか落ち着かない。

一方で、クルマから聞こえてくるメッセージに対してはどうか。「シートベルトを締めてください」という有用な案内にもかかわらず、一方的に指示されている感じもする。それを無視するか、受け入れるか、その二つの選択肢しか残されていない。哲学者のミハイル・バフチンのいう「権威的な言葉」である。そのメッセージに対する解釈や調整の余地を欠いており、どこか命令調に聞こえてしまうのである。

目の前の機器に対して命令調で話しかけてしまう。一方で心や意思を持たないはずの機器からのメッセージが命令調に聞こえてしまう。いずれも、わたしたちの「構え」とコミュニケーション・モードのずれから生じるものだろう。

クルマとドライバーとのインタラクションの研究は、「コネクティッドカー（Connected Car）」と呼ばれるような、クルマとインターネットをつなぎ、クルマそのものを情報端末にしようとする試みのなかでも盛んに行われている。インパネのところをスマートフォンのような画面で置き換える、あるいはＨＵＤ（Head-Up Display）によって、路面や街の景観に重畳させてはどうか、そうした議論がしばらく続くことだろう。そうしたインタフェースの多くは、ユーザーからの「設計的な構え」を前提としたものだ。

その一方で、スマートスピーカーの普及にあわせ、同様な音声言語インタフェースがクルマのなかで利用される日も近いことだろう。すでに、2007年の東京モーターショーで、日産自動車のコンセプトカーとしてロボティック・エージェントを搭載したPIVO2が展示された。2013年にはデンソーのコミュニケーションロボット（Hana）、その後、トヨタ自動車はKIROBOおよびKIROBO miniなどを発表している。また、HRI（Human-Robot Interaction）の研究分野では、MITメディアラボとAudiによるAIDA（Affective Intelligent Driving Agent）のプロジェクトがよく知られている。

こうしたドライビング・エージェントは、ドライバーへのナビゲーションやロケーションアウェアな情報をインタラクティブに提供することにくわえ、エージェンシーを備えさせ、ドライバーからの「志向的な構え」を引き出すことを狙うものである。

このドライビング・エージェントとドライバーとのインタラクションは、HRI研究としてもとても興味深い。一つは、クルマのなかというのは、オフィスなどに比べて「パーソナルな空間になりやすい」という点だろう。オフィスのなかでスマートスピーカーに対する「ハイ、〇〇！　今日の天気はどう？」という語り掛けは、ちょっと照れくさい。その点、クルマのなかは閉空間であり、そうした羞恥心はやや低減されるのである。

また、インタラクションの空間として、比較的安定しているという特徴がある。いつも同じドライバーが接するものであり、そのインタラクション距離も安定していることから、ドライバーへの個人適応やプリファレンスの学習なども行い、最近のEV車などでは比較的静寂であり、音声認識環境としても好都合なのである。

ロボット側のセンシングという観点で考えてみても、様々なセンサーをロボット本体に集約する必要はない。マイクロフォン、ドライバーの顔や視線の追跡モジュールなどをクルマのなかに分散でき、環境情報の構造化なども容易に行えるのである。

またエージェントとのインタラクションにおけるモダリティは、音声言語や表情、視線などに限られない。ハンドルやアクセル、ブレーキの操作によって、エージェントからの「そこは右ですね!」、「もう少し減速したほうがいいかなぁ」というアドバイスに応えることができる。

コミュニケーションデザイン、インタラクションデザインという観点からも、いくつか面白い研究テーマを提供してくれる。一つは、ドライビング・エージェントとの会話時におけるディストラクション(distraction)の問題である。運転に集中したいとき、エージェントからの「明日の天気はどうかなぁ?」との語り掛けはとても煩わしいものとなるだろう。思わず応答責任を感じ、行動の一部が制約されてしまう。また、その語り掛けを無視したのでは、気まずさのような雰囲気を生み出すなど、会話の場を壊すことになってしまう。こうしたエージェントとのインタラクションには、まだデザインの余地があるといえる[2]。

もう一つ、ドライビング・エージェントとドライバーとの間で「いま、ここ」をリアルタイムに共有できるのはありがたい。目の前に広がる地域や建物を話題にできるだけでなく、「いまのスピードは、速すぎるのか、それとも遅いのか」について、お互いの見立てを交換し、調整できる。そうした「いま、ここ」を媒介に、リアリティの高いインタラクションやコミュニケーションを可能とするのである。

[2] Nihan Karatas, Soshi Yoshikawa, P. Ravindra S. De Silva and Michio Okada: NAMIDA: Multiparty Conversation Based Driving Agents in Futuristic Vehicle, Proc. of 17th International Conference on Human-Computer Interaction (HCII 2014), pp.198-207, 2015.

ソーシャルなロボットとしての〈自動運転システム〉の可能性

ドライビング・エージェントは、ドライバーからの「志向的な構え」を引き出しつつ、コミュニケーション可能な「もう一つの他者」として機能することを目指した、ソーシャルなエージェント・インタフェースである。コネクティッドカーとしての狙いとも一致し、〈自動運転システム〉に移行した際にも、ドライバーとシステムとの意思疎通を助けるエージェントとして機能するものだろう。

そうしたなかで、「この〈自動運転システム〉をソーシャルなロボットにする」にはどうすればよいだろうか。〈自動運転システム〉というロボットは、ユーザーから「志向的な構え」を引き出し、コミュニケーション可能な〈もうひとりの他者〉になり得るのだろうか。システムが急に加減速する際に、「そのシステム内部でどのような判断が働いてのことなのか」「いまどんな状態にあって、何を考えているのか」などが、現状ではドライバーにはほとんど伝わってこない。システムに寄り添うための手掛かりを欠いているのである。

日々の生活のなかでわたしたちは、いま自分がどんな状況にあるかを他の人にも参照可能なように表示している。例えば、横断歩道で人とすれ違うときにも、前方に進もうとしていることをお互いに参照可能なように表示しあい、「ぶつからないで歩く」ということを相互行為的な調整のなかで実現しているのだ。ドライバーと〈自動運転システム〉という二つの〈運転主体〉がクルマのなかで共存し、協調しあうために必要な一歩は、この社会的な表示に基づく社会的相互行為の組織化ということになるだろう。

筆者らが手始めに構築したのは、キョロキョロとしたシンプルな目の動きを伴うソーシャルなインタフェース〈NAMIDA〉である［図1］。これを〈自動運転システム〉のダッシュボード上に装着することで、クルマ全体に〈ソーシャルなロボット〉としての性質を備えさせることができる［3］。

一つはシステムの「志向性の表示」である。いま〈自動運転システム〉は「どこに注意を向けているのか」を表示することは、ドライバーから「志向的な構え」を引き出すうえで、また社会的な相互行為を組織するうえで、とても大切な手掛かりとなる。

例えば、この〈自動運転システム〉がなんの前触れもなく急に減速するなら、「バッテリーが切れたのか、それとも故障でもしたのか」とドライバーは驚いてしまうことだろう。しかし、この〈NAMIDA〉が前方の赤信号や横断歩道の歩行者に目をやりながら減速するなら、「あっ、このシステムは横断歩道にいる人に気づいて、減速しようとしているのか」という気づきをドライバーに与え、その「減速」という行動に対して構えさせることができる。

あるいは、十字路を左折する場合にも、その目の動きによって、次の行動を予測でき、「左折」する動きに対して事前に構えさせることができる。これらは自らの身体を参照しながら、相手（＝システム）の状態を慮るような、同型な身体をベースとするコミュニケーションの基礎になるものである。

［図1］ソーシャルなインタフェース〈NAMIDA〉／著者提供

［3］ Nihan Karatas, Soshi Yoshikawa, P. Ravindra S. De Silva and Michio Okada: NAMIDA: Multiparty Conversation Based Driving Agents in Futuristic Vehicle, Proc. of 17th International Conference on Human-Computer Interaction (HCII 2014), pp.198-207, 2015.
Nihan Karatas, Soshi Yoshikawa and Michio Okada: NAMIDA: Sociable Driving Agents with Multiparty Conversation, Proc. of The Fourth International Conference on Human-Agent Interaction (HAI 2016), MT2-02, 2016.
Nihan Karatas, Soshi Yoshikawa, Shintaro Tamura, Sho Otaki, Ryuji Funayama and Michio Okada: Sociable Driving Agents to Maintain Driver's Attention in Autonomous Driving, Proc. of 26th IEEE International Symposium on Robot and Human Interactive Communication (RO-MAN 2017), 2017.

この〈NAMIDA〉の動きは、他にも様々な機能を包含している。一つは、ドライバーの視線をある対象に誘導するような働きである。物陰から飛び出してくる人影をいち早く察知し、ドライバーの視線をそこに向けさせ、あらかじめ構えさせることも可能になる。これもシステムからドライバーに対する重要な情報の伝達手段となるものである。

あるいは、ドライバーの向ける視線の先を〈NAMIDA〉の視線が追いかけるような動きはどうか。ドライバーの注意先を気にかけて、それを確認していることを表示するもの、そしてドライバーとの間での心理的なつながりや一緒にドライブしているような、パートナーとしての一体感を生み出したり、その気持ちを分け合ったりすることにもなるだろう。このクルマに寄り添いながら、一緒にドライブを楽しむということにならないだろうか。

お互いの〈弱さ〉を補いつつ、その〈強み〉を引き出しあう関係にむけて

防災の分野では「防潮堤の存在ゆえに、住民の避難行動に遅れが生じてしまう」ということが指摘されている。一方で、防潮堤があるにもかかわらず津波の被害に遭えば、防潮堤をもっと高くしようという意見が出るだろう。けれども、それにも限界はある。これは〈自動運転システム〉とドライバーとの関係にも当てはまることだ。〈自動運転システム〉による事故があるたびに、「もっと、もっと」と、その安全性に対する要求は高まるばかりなのだけれど、そこになにか工夫をこらすことはできないのだろうか。

わたしが提案したいのは、〈自動運転システム〉とドライバーとが、「相手の身になって、慮る」関係を築ける仕組みを設ける方法だ。クルマというのは「安全」であることを第一にして

おり、〈自動運転システム〉には高い信頼性が求められる。その意味では、クルマの〈弱さ〉などをドライバーに見せてはいけないものなのだろう。ただ、雪道や逆光条件、視界のない霧深いような状況にあっては、〈自動運転システム〉のセンサーの信頼度なども低下しているに違いない。いつも〈強がる〉ばかりで、突然にコントロールを破綻させてしまっては困るのだ。

そういう意味で、〈自動運転システム〉がそのセンサーの信頼度に応じて、適度に〈弱さ〉をドライバーに開示するのも、一つの方法として面白いのではないかと思う。他者との相互行為を組織する上では、自分のいまの状況を他者も観察可能なように、いつも表示しておくことが大切だからである。

わたしたちドライバーは、これまでの経験を駆使したり、道路状況から危険を予期したり、万が一の時の柔軟な判断に長けている。しかし、ロングドライブなどでは疲れることもあるし、不注意に陥りやすい。一方で〈自動運転システム〉は、長時間のドライブでも疲れるということはないだろう。ただ、いわゆる勘やとっさの判断、そのときの価値判断などは、人に劣るところもある。

ドライバーと〈自動運転システム〉との関わりにおいても、お互いの〈弱さ〉を補い、その〈強み〉を引き出しあう関係というのが理想的に思える。そうした高度な協調を実現するには、自らの〈弱さ〉を自覚しつつ、いまの状態を相手にも参照可能なように適度に開示しておくことが必要になる。いつも〈強がる〉ばかりではなく、自らの〈弱さ〉を適度に把握し、開示できる能力も〈自動運転システム〉には必要に思えるのである。

8 自動運転はイノベーションのジレンマを超えるか

嶂南達貴

**既存の業界が主導してイノベーションが起きた例は少ない。
自動運転を含むモビリティサービスについても、
自動車業界のみで進めては必要とされるサービスにはならないだろう。
市民のニーズを踏まえ、産官学民が一体となって新たな価値を創出するには
どのような連携・開発のプロセスを踏めば良いのだろうか。**

市民を巻き込んだ産官学対話のはじまり

２０１６年度、自動運転をテーマに産官学が対話する取り組みが立て続けにあった。内閣府SIP-adus（戦略的イノベーション創造プログラム　自動走行システム）の「市民ダイアログ」や、政策研究大学院大学の「自動運転を見据えた人工知能／ＩｏＴの未来」などだ。それぞれ、学生などの若い世代を含んだ議論が行われた。大学で自動運転による環境負荷低減のシミュレーションや、交通行動と社会的ネットワークの関係分析の共同研究に参加した経験のある筆者［1］も若手として参加していたのだが、自動車免許を持っていない参加者から自動車ユーザーの視

［1］現在はスキームヴァージ株式会社（scheme verge inc.）を設立し、産官学民の各セクターとの対話を通じて、潜在的なニーズを踏まえたアジャイル型の都市開発に向けた研究開発を推進している。

点からは出てきにくい意見が出たり、人工知能の研究者から自動運転活用の障壁となる日本のエンジニア人材不足についての意見が出るなど、MaaS（Mobility as a Service）や労働問題の一面的な議論ばかりしていては出てこないアイデアや話題が出ていた。対話のプロセスを通じて政策関係者と市民に刺激を与えたという点では、非常に意義ある会であったと思う。

しかしこのような対話の試みに共通する課題として、二つの点に注目したい。一つは「科学技術イノベーション戦略・政策」を論じているというのに、既存事業にどうやって技術シーズを組み合わせてゆくかという目線から脱却できていない点だ。冒頭で例示した対話も、ニーズ起点での発想や提案が参加者からなされたものの、受け皿となる人や枠組みがない以上、具体化されることはなかった。

二つ目は、自動運転というＩｏＴの議論をしているというのに、ソフトウェア側や関連技術に携わる立場の者をステークホルダーとして呼べていないという課題だ。その結果、走行データを組み込んだビジネスモデルについて検討することすらできない会もあった。これは自動運転だけでなく、オープンイノベーションのための議論の場とされるものにある失敗の典型例だろう。議論の前提に、日本の「自動車ムラ」、つまり中央省庁や大企業の既定路線があり、ユーザーや社会にとっての本質的な価値などが考えられていなかったからだろう。日本における自動運転の議論には、業界の外部の視点が入りにくいようだが、それはおそらく、イノベーションを生み出す担い手が自動車業界の外にいることを、業界内部では誰も心からは信じていなかったからだろう。この2年間で状況は良くなりつつあるが、それでも根本的な問題はまだ解決できていないように思われる。

本章では、先端技術の開発と受容のプロセスを整理し、自動運転を社会や都市空間に実

嶂南達貴（やまなみ・たつき）
scheme verge株式会社代表取締役CEO。慶應義塾大学SFC研究所員。東京大学工学部都市工学科卒・同大学院新領域創成科学研究科社会文化環境学専攻在籍。研究活動では自動運転による環境負荷低減のシミュレーションや、交通行動と社会的ネットワークの関係分析の共同研究に参加。各国、各分野、各スケールの産官学民との対話を通じて、「都市のアジャイル開発」を行う会社を設立。

装するための、自動運転についての議論をどのような論点、場の設計により実践すべきかを論じる。どうすれば適切な議論を行うことができるのだろうか。

自動運転とは単なる自動車の進化ではない

イノベーションに関する議論では、世界各地で生まれる新たな技術を、いかに生活や社会に組み込むかという視点が重要だ。エアビーアンドビー（Airbnb）のような、スマートフォンを用いた相互評価のシステムを、優れた顧客体験に組み込んで優位に立った企業が良い例だ。「自動運転」も新しい技術の一つであり、様々なヒト・モノ・コトが可動化し、人工知能とともにあることで、車両やインフラがデータを収集・蓄積することができるようになる。こういった新しい技術からサービスを生み出すためには、「人々の暮らしに必要なものは何か」をよく理解することが要となる。オープンイノベーションのコンセプトが普及した現在、技術や社会課題そのものを知ることはもちろんだが、技術をどう利用し、社会に実装するのかに関するアイデアを持ち、その実現に必要なものを調達できることが重要だ。

このような時代にあって、これまでの行政や大企業だけを社会的な意思決定の実質的主体と捉えるやり方には限界がきているのではないか。自動運転もまさにその代表例であり、自動車の利害関係者を中心とする座組みによる議論は、既存の車の延長上を抜け出ることができていない。特に日本のマスメディアの議論は自動運転の必要性や実現性止まりである。良くて海外からMaaSのコンセプトを輸入するだけだ。

しかし、自動運転とは単に自動車の進化の結果ではなく、産業革命やモータリゼーションがもたらした様々な課題構造を破壊し、新たな世界の創造へと私たちを誘う可能性を持っている。その是非や可否を問うことに終始せず、自動運転とそれに伴う止まらない変化を、どのような社会的価値に、どうやって繋げるかについて、議論を起こしていかなければならない。まずは、自動運転のメリットを最大化するような社会イノベーションの起こし方を模索し、それが達成される必要がある。

自動運転に関する議論をどう設計するか

これまで自動運転をはじめ科学技術に関する議論とは、「提示⇅受容型」であった。この背後には、市民とは基本的に技術発展に対して受動的なものであるという前提がある。しかしイノベーションを起こす過程では、そのプロセスを主導する組織以外にも然るべき人材がいて、理念に共感し社会に広げるエバンジェリストがいなければならない。つまり、技術への関心・接点がある一般市民に着目し、巻き込んでいくことが必要だ。そして彼らが媒体となり、技術や社会に対して関心や接点を持たない層とのコミュニケーションを担うことが、真の「市民対話」を実現し、公共的価値を生み出す要件である。理想的には、産官学といった枠組みにとらわれず、個人単位でイノベーションに加担できる人を探せると良い。この時、対話は、目の前の人々がどのようなニーズを持っているか知ることから始められるべきだろう。

これから、特に政府や大企業すら何となく危機感があっても具体的な出口が見えないといった状態になっている時代には、「提示⇅受容型」(〔図1-1〕)ではなく「提案⇅検討型」(〔図1-2〕)

の議論が必要だろう。それも、これまでのように主導側が政策担当者など一定である必要はなく、様々な立場がお互いに提案し検討する、多極的な構造が必要である。重要なのは、これまでの産業構造を支えてきたもの以外のアクターを巻き込み、広い観点からの議論と実現に向けた出口を設計することである。その際、はじめは「巻き込まれる」側だった人が、「巻き込む」側の人に変わっていくというように、「巻き込み」の主語を自ら変えてゆくことが、既存のインセンティブ構造を打破するきっかけになる。「論点」とは、奪ったり与えられたりするものではなく、頭を捻って議論を重ねてゆくことで自分のものとすることができるものだ。自動運転の論点を考え、行動すべきは私たちである。

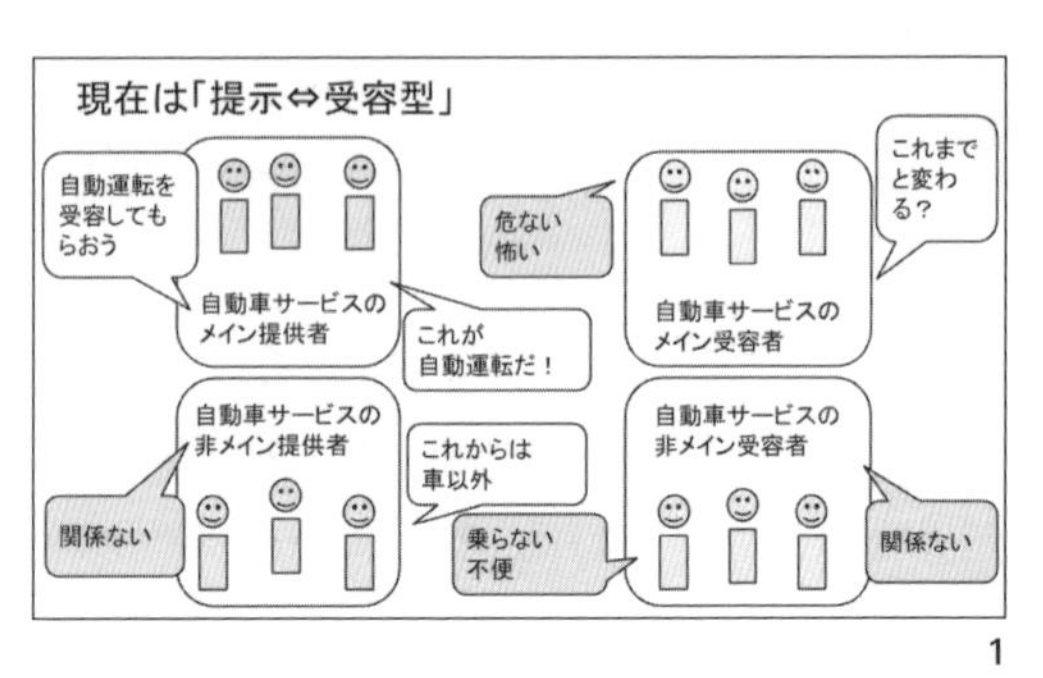

1

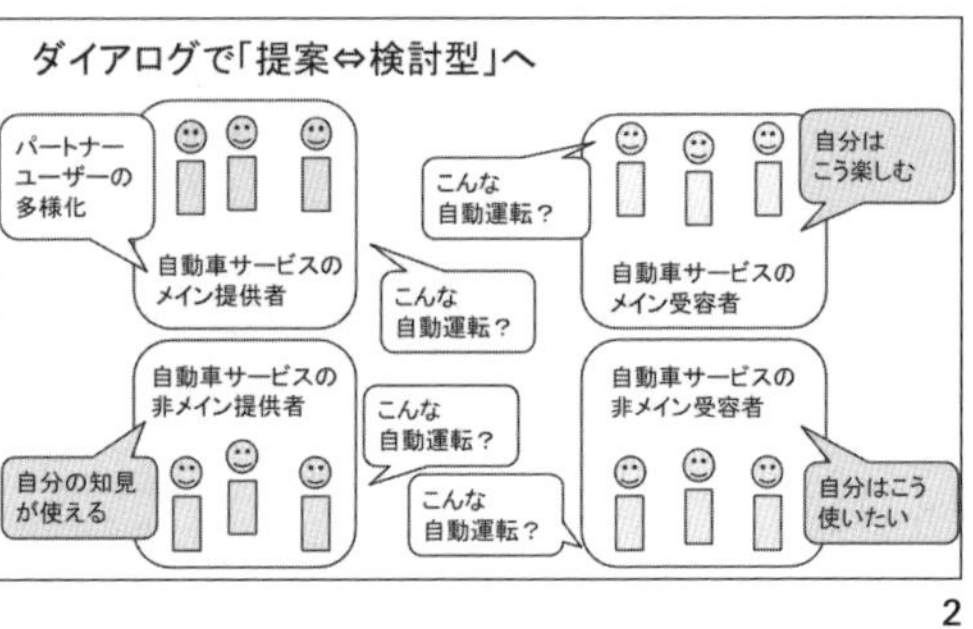

2

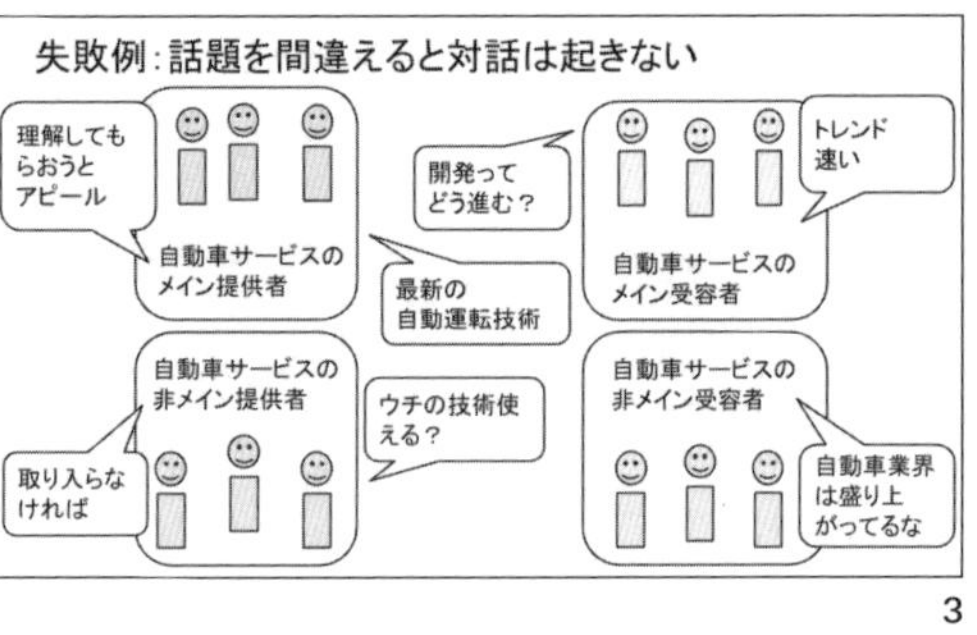

3

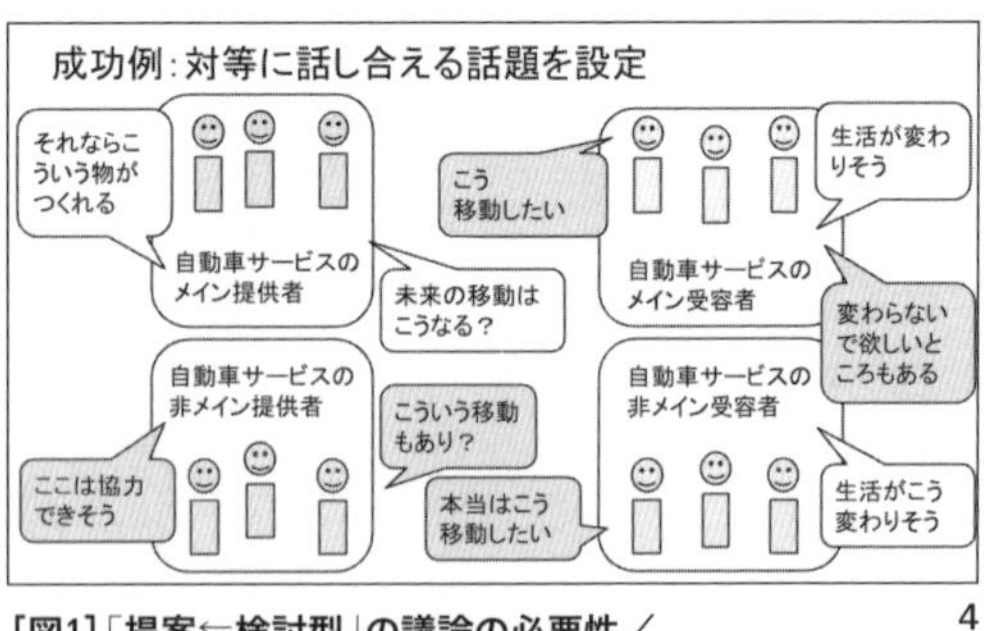

4

[図1]「提案⇆検討型」の議論の必要性／
著者提供

ではどのようにすれば、活発かつ的確な議論を行うことができるだろうか。重要なのは話題、アジェンダの設定だ。産業の中心にいる「メイン提供者」の前で、その周辺にいる「非メイン提供者」や「受容者」が意味のある口出しをすることは難しいし、そうするように働きかけることも難しい。これまでの自動運転の議論も、大体は既存の車の延長として自動運転の必要性や実現性を問うものであり、一般市民にとっては、大企業のリリースにFacebookやNewsPicksでコメントをする程度で、具体的なコミュニケーションやアクションには繋がらなかった。円滑なアイデア出しを行うためには、常識にとらわれず様々な意見を許容する設計を行い、社会や生活から来る要求を基にして、対等な関係で検討を進めることが必要だろう。それに不可欠なのは、「避けて通れないが、まだよく理解されていない抽象概念」に着目し、そこに様々な意見を集約し、再度具体化するようなやり方だと、私は考えている。

自動運転が持つ本当のポテンシャル

自動運転の議論における、「避けて通れないが、まだよく理解されていない抽象概念」に関して、私は、現時点では「移動の価値」に着目するのが良いと考えている。移動という現象はこの世に溢れており、誰しもが日常的に体験し、個人差はあれど何かしら課題や欲求を抱えているからだ。

そういった仮説のもとで作成したのが【図2】である。大学生10人ほどに協力してもらい、様様な移動現象を洗い出した上で、「移動の主体(何が移動するのか)」と「移動価値の所在(何のために移動するのか)」の二軸に着目し、洗い出された移動現象をラフにまとめた。例えばスイスの登山鉄道なら左上、宅配便は右下に入る。興味深いものとしては、ロボットレストランの広告カーや回転寿司は左下の象限に入る。

　こうして見えてくるのは、自動運転によって変わる移動のあり方について考える時、私たちはつい日常的に利用する公共交通機関ないし自家用車での移動に関する議論に主眼を置きがちであるということだ。そのような議論のもとでは「主にヒトが今自分がいない場所のアクティビティにアクセスする手段」として移動を捉え、「安全・安心で、快適に効率よく着く」ということが重要視されがちであるが、本来、移動現象の価値はそれだけではない。動くのはヒトだけではないし、移動時間が長くなることで価値が増大するものもある。また今動いていないだけで、プレハブや自動販売機のように、移動体としての設計がで

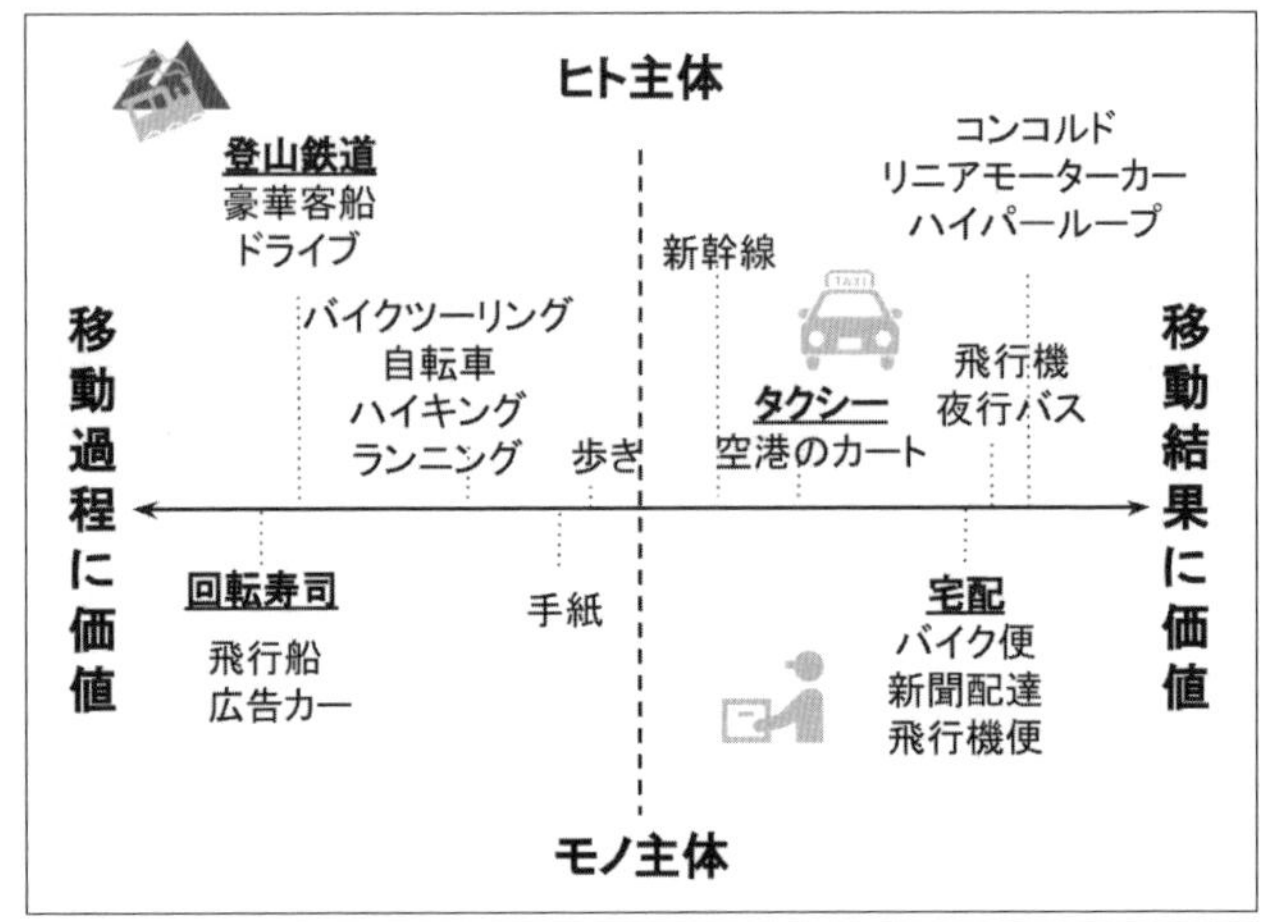

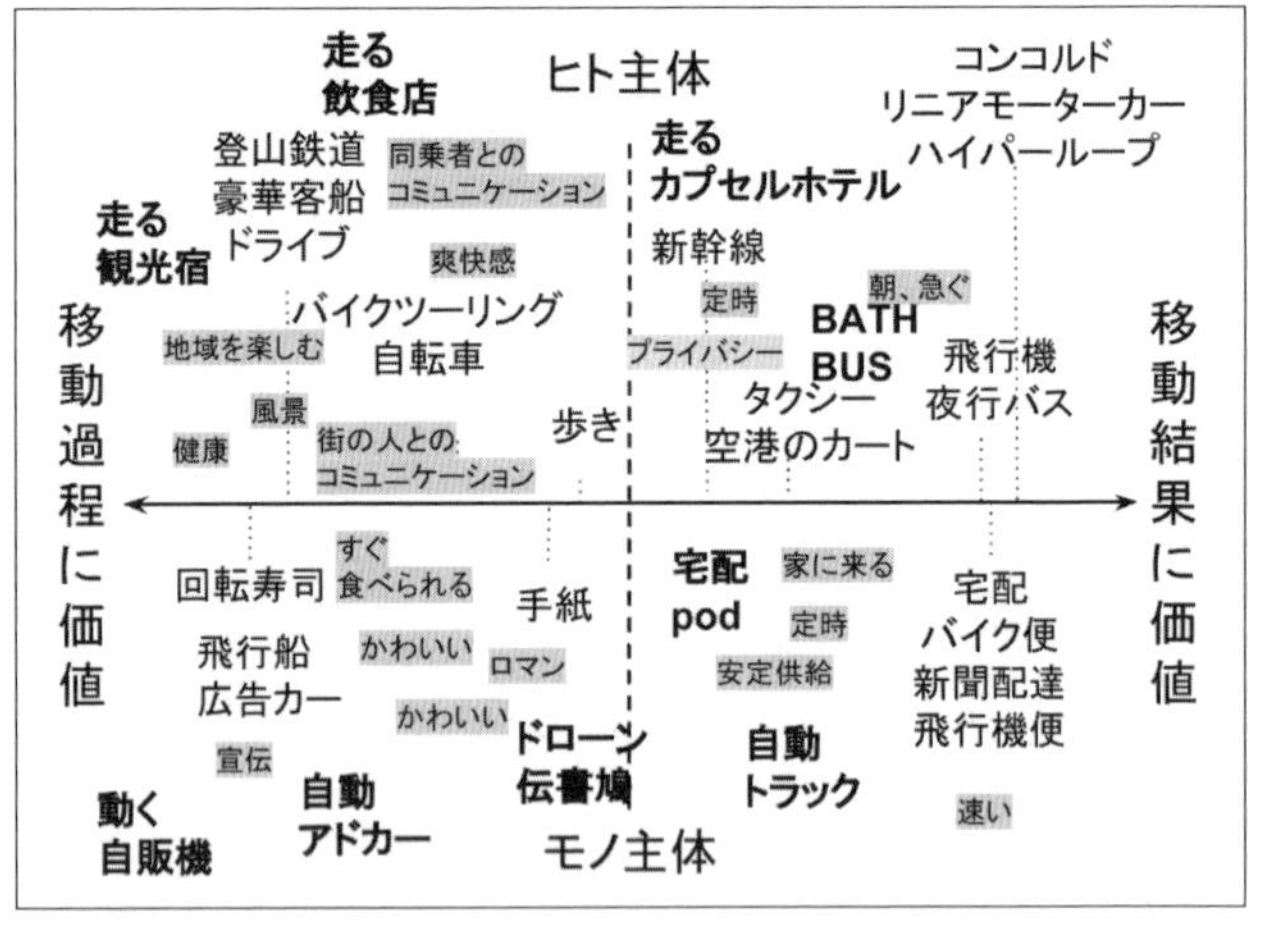

［図2］移動の主体と価値の分類／著者提供

きるものは見渡せばたくさん見つかる。普段目につかないところに、多様な移動価値が潜在しているのだ。この多様な移動の潜在価値を、自動化に伴い普及する先進技術を用いて表出させることで、日々の暮らしをもっと面白く、豊かにしたり、価値や意味を見出しやすくすることはできないだろうか。

自動車をはじめとする移動体がインターネットを介して繋がることで、私たちはこれら多様な移動の価値を包括的に捉え、移動価値をこれまでより自由かつ容易にデザインできるようになるかもしれない。そのデザインには単なるＵＸ（顧客体験）設計に止まるものではなく、移動全体の環境としての都市を設計する話にまで及ぶ可能性がある。センサーやカメラのデータを用いたインフラ管理などの議論が行われているとはいえ、自動運転が持つ本当のポテンシャルは、まだ誰にも解き放たれていない。

ポテンシャルを解き放つのは担い手の多様性

自動運転の真価を見定めるだけでなく、それを実現するためには、移動の多様な価値を実現する手段が必要である。議論において話題提供者が多様であれば多様な意見を集約できるのと同様に、移動をデザインする担い手が多様になることで、提供される移動サービスも多様になりうる。

例えば、多様なニーズに効果的に対処してきた事例に、スマートフォンがある。ＯＳとストア、そしてレーティングの仕組みを整えることで、多様かつ多量のサービスが流通し、差別化され優れたものが普及・進化してきた［図3］。移動サービスのプラットフォームである都市にも、同様のシステムが必要ではないだろうか。

ただ、都市はスマートフォンとは異なり、広大かつ複雑で、様々な利害関係が絡み合って成立するものである。何を共通の基盤とし、何をオープンにすべきかを特定することが難しい上、現行制度では、例外や想定外に対して放置あるいは強制措置以外の選択肢を取れず、運用に大きな混乱が生じるだろう。これを回避するためには、特区のような「規制の砂場」を小さい単位でフォーマット化し、個人や中小企業が活用しやすいようにすることが有効かもしれない。例えば、ニューヨーク市がテック企業やエリアマネジメント組織と連携して開催したコンペThe Driverless Future Challengeの優勝チームが行った提案“Public Square”で描かれている「車線幅の正方形を単位とした公共空間デザインのツール」がその例として挙げられる。

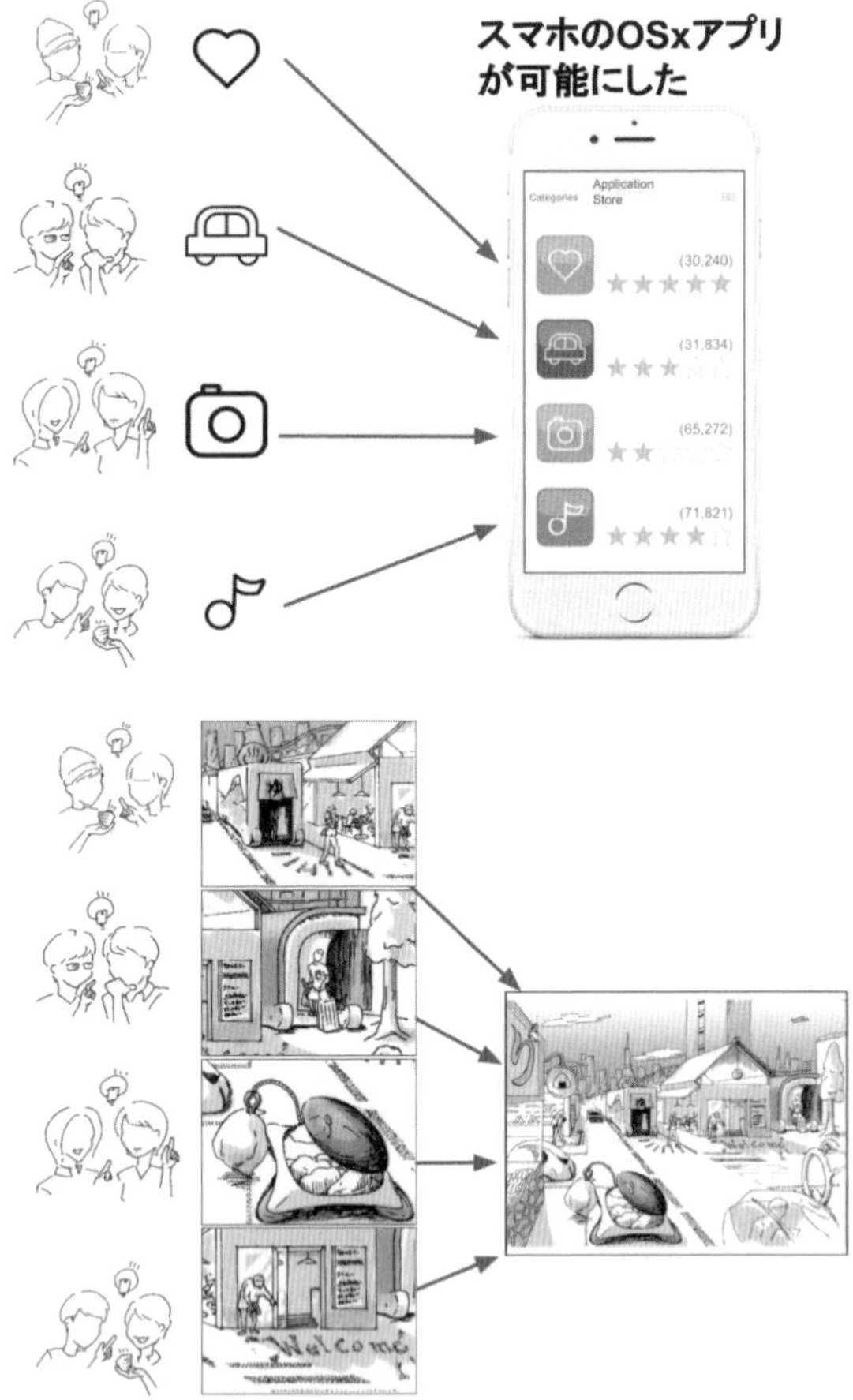

［図3］移動サービスのプラットフォームのイメージ／著者提供

イノベーションを加速する個人とその協働

自動運転によって到来する未来には、まだ（昨年と今年では事情が違うため）ブルーオーシャンが広がっている。今のところは、UberやLyftに次ぐ流れで発生したMaaSがひしめきあっているような状況だが、それらは移動の「供給」を最適化するものにすぎない。今後、自動化されたモビリティが普及すれば、多様な移動主体、移動目的、移動過程、移動環境に対応した様々なアプリケーションが提供され始めるだろう。移動サービスや都市の話に限らなくとも、自動運転に対応して変化してゆくであろう医療サービスや飲食サービスなど、挙げていけばキリがないほど様々な分野に機会領域がある［図4］。

こうなると議論や対話の場は一つ政府の近くにあるだけでは足りない。もっと専門知・経験知を含めて、防災・復興や人口減少、エネルギーや情報などを包括する安全保障など、関連するであろう個別の論点をそれぞれ集中的に議論する機会が必要である。各個人、各コミュニティが自らの理念や目標を設定し、複雑な社会変化の中で互いに協調しながらやっていく必要もある。また口頭での議論だけでなく、プロトタイプや実験を通じた

［図4］筆者らが作成した都市・交通インフラのオープンイノベーションが可能にする未来都市のビジョン［2］／著者提供

［2］上の図は、筆者の主催するイノベーションによる都市課題解決プロジェクト、scheme vergeが東京において目指す都市のあり方を最初に検討した際の成果である。ここでは「自動運転とIoTによる都市・交通インフラのオープンイノベーション」が可能だとしたら、何が欲しいか、何を作りたいかという議論がなされた。例えば、空き地に置ける移動式ホテルがあれば、可変性の高い空間利用が可能となる。キャンピングカー程度の大きさで、様々な設備を導入できる商用車にも大きな可能性がある。他にも、車線や横断歩道を道路にLEDディスプレイの層を重ねることで表示し、可変性・可動性を持たせる案などが検討された。なお、こういった対話を通じて描かれる未来像は、あくまで一つの提案であり、確からしさに十分な論拠はない。

実践的検討も必要だ。

そのために、既存の立場にとらわれない「学生」のように、問題意識を持ち、知と体験を求めて、主体的に議論に参加する個人が果たす役割を評価するということも必要だ。有意義な議論の場を増やし、繋げるのは、そうした自由さや遊び心を持って課題解決に臨める人間である。ひいては、そうした人間を長期的・国際的視点を持って育成することこそが、製造業や都市開発といった規模が大きく、変化に時間的・金銭的コストがかかる領域に対して与えるインパクトの増大に繋がるだろう。

科学技術を用いた社会イノベーションは、多様な高度人材の協働から生まれる。それは単に科学技術系の人材の多様性というのではなく、非科学を含めた多様な知の結集である。実際、Googleの親会社アルファベット（Alphabet）の研究所サイドウォークラボ（Sidewalk Labs）はトロントプロジェクトで「都市計画家と科学技術者の連携による都市イノベーション」を掲げ、シンガポールの経済開発庁は、実環境での実験を通じた研究開発を"Living Lab Model"と称し、MIT発AIベンチャーであるヌートノミー（nuTonomy）とスイス連邦工科大学チューリッヒ校（ETH）のFuture Cities Labを巻き込んで次世代都市のビジョンを描いている。日本の私たちも、こうした優れた先駆者がいる中で、新しく独創的な課題解決に繋がる知の結合を見つけなければならない。自動運転は今、社会導入のフェーズに入りつつあるが、真に有用で価値のあるものを社会に実現するために、協働可能な人材を活用・育成し、協調に向けた議論を開始するための場を設定してゆくことが今後求められるだろう。

9 人間の自動運転――建築家の視点から

山本理顕

移動体に限らず自動運転機械があふれる都市では、人は機械の規格に合わせて均質化された行動を取る。人と交流しなくても不自由なく暮らせる自動化された社会では、人は孤立して管理され、固有の個性を失ってしまうと、建築家は警鐘を鳴らす。

自動運転機械は〈機械―情報環境―人間〉という空間の中にある

最近、自動運転を謳う車に乗り代えた。一定の車間距離を保ちながら前を走る車に追随して走るのである。運転手はアクセルを踏むこともなく、軽くハンドルを握っているだけ。車は走行車線を示す白いラインを読み、道路のカーブを自動的に曲がる。前に走る車がいない時は、一定のスピードを予め入力しておけば、そのスピードを保って走る。メーカーは自動運転ではなくて運転アシストと呼んでいるようだが、運転してみて分かったことは、この自動運転の車は運転が恐ろしくへたくそだということだった。

カーブを曲がる時に車線ラインに従って走るのだが、体感としては多角形に走っているようなのだ。ほんのわずかだがカクカクと曲がっている感覚なのである。車線の真ん中を直進していても、これもほんのわずか蛇行しながら走る。右側のラインと左側のラインの中心線部分を走ろうとするものだから、ちょっと右に寄りすぎ、ちょっと左に寄りすぎ、それを修正しながら走っているようなのである。カーブを曲がる時のスピードにしても、設定したスピードを頑なに守ろうとするから、そのカーブの曲率が小さい時にはかなり怖い。思わずブレーキを踏む。

自動運転なのか運転アシストなのかどっちにしても、生身の人間の運転感覚とのこの明らかな違いが、自動運転機械の運転へたくそ感に繋がっているのだと思う。そしてこのへたくそ感が、自動運転機械の基本的な問題点をすでに明らかにしているように思うのである。

自動車の生身のドライバーは当たり前だけど道路交通法に従って運転している。右を見て左を見て、バックミラーを見て、前後左右の車や人に気を配って、さらに同乗者に不愉快な思いをさせないように気遣いをしながら運転をする。前を走る車の運転手は乱暴な運転をするやつだなあ、後から来る車はどうやら覆面パトカーらしい、道路が濡れているから注意しなくては、夜間にハイビームで走ると対向車が眩しいだろうなあ、車を走らせるためのありとあらゆる周辺環境の情報に注意をしながら運転しているのである。そのありとあらゆる情報を脳だけではなくて身体全体で感じて、今、どう運転するべきなのか瞬時に判断しているのである。環境情報を人間が判断して、その判断に従って車の操縦装置を操るのである。

ところが車に搭載された自動運転機械は、その環境情報を徹底的に単純化する。道路は単なる白線ラインに置き換えられ、前の車との関係は車間距離に置き換えられる。誰が前の車を操縦しているのかというような、その個性は計算に入れない。入れられない。運転手は誰もが同じであると仮定される。男、女、高齢者、若者、性格が良いか悪いか、関係ない。周辺情報もまた単純化されて、雨が降ろうと晴れだろうと、どんな状況であったとしても、その単純化・均一化された情報によって自動操縦されるのである。情報の単純化・均一化によって初めて自動運転は可能になるのである。

これは車の自動運転の問題だけではない。あらゆる自動運転機械は当の機械が読み取るその情報環境とセットなのである。自動運転機械はその機械だけで自動的に動いているわけではない。自ら判断して動いているようでいて、実際はその外側の情報環境を読み取ることで動いている。その読み取った情報からの指令で動いているのである。自動機械は機械―情報環境が一体になった機械である。そしてその情報環境は、機械が読み取れる限りでの、単純化・均一化された環境なのである。

さてそこで問題が起きる。単純化・均一化された環境を前提として自動機械が動いているとしたら、その自動運転に身を委ねるということは、人間自身がその単純化・均一化された環境の住人になるということを意味しているということにならないか。自ら判断しなくても車が自動的に判断してくれる、とドライバーが考えることが自動運転の本質である。判断を機械に委ねる。

自動機械は機械―情報環境の中で自動機械なのである。そしてその機械―情報環境を受け入れることで人間は自らの判断ではなくて、機械の判断によってそれを運転するという感性を自ら受け入れる。つまり機械―情報環境を受け入れて自らがその一部になることを許す感性である。機械―情報環境という自動機械は、実は機械―情報環境―人間なのだ。人間自体が含まれているのである。それは人間自体を自動運転することに繋がる。自動運転機械のプログラミングは、機械―情報環境―人間という関係全体のプログラミングなのである。自動機械によって

山本理顕（やまもと・りけん）
建築家。1973年に山本理顕設計工場を設立し、雑居ビルの上の住居GAZEBOおよび、公立はこだて未来大学の設計で日本建築学会賞を受賞。埼玉県立大学で日本芸術院賞を受賞。近年の共著に『脱住宅』（平凡社）がある。

操作される人間自身を含んでいる。

他者と共存する都市を作ることはできるか

自動運転される都市は可能か？　これは、私たち建築家にとっては相当な難題である。もし自動運転される都市空間があるとしたら、それはどのように設計されるのか。一人一人の人間にとってストレスのない都市は、今後、どのような都市として設計されるのか。ストレスのない都市とは、人が自ら考えたり判断したりしなくても日々の生活が成り立つような都市なのか。それは他者と出会わなくても自らの目的を果たすことができる都市なのか。たった一人でも生活できる都市空間が快適な都市なのか。

自動運転機械は様々な人たちの個性を単純化し均一化することで、より効率よく運転させることができるのだとしたら、一人一人に切り分けられ、様々な個性を単純化し均一化することで、都市空間はより自動運転に相応しい空間になっていくに違いない。既に私たちの感性は、誰からも煩わされることのない空間を求めているようにも思う。自動運転される都市空間がもたらすものは、一人一人に切り分けられた人間が、自動運転されている空間の中でそれを快適だと感じる感性なのである。

こうした未来の都市では人と人とはどのように出会うのだろう。他者とのコミュニケーションはどのように成り立つのだろうか。

今の「機械—情報環境—人間」自動運転システムは一人一人に切り分けられた人間を操作するのは得意だろうけれども、複数の人間を扱うのは恐らく極めて苦手に違いないのである。

複数の他者と共に生活してそれを楽しいと思えるような生身の人間の都市空間はどのように設計できるのだろうか。一人一人に切り分けられた人間ではなくて、複数の人びとがお互いに助け合うことができるような空間をもし設計できるとしたら、そうした空間では、自動運転はどのように活躍することができるのだろう。

自動運転は孤独だ

自動運転は勿論、自動車だけの問題ではない。もともと人と人が出会って挨拶して会話することで成り立っていた社会の仕組みが、人の代わりにその役割を自動運転機械に委ねることで、社会の仕組みそのものが変わってしまうことを私たちはどれほど理解しているのだろうか。

切符をはさみでチョッキンする人は、駅の改札口からとっくにいなくなってしまった。多数の人が通過するターミナル駅は別としても、彼らは毎日利用するお客さんをきっと覚えていて、今日は遅刻だなあ、最近顔色が悪いなあ等とそれとなくお客さんを見守っていたはずである。親しい人が通ればやあと挨拶したと思う。乗降客が少ない駅まで〝スイカ〟などという自動改札機が占領してからはすっかり変わった。前のおじさんが改札を通れなくてもたもたしていると、後ろの若者がチェッと舌打ちする。すべての人が同じスピードで改札口を通ることが当たり前になってしまったのである。そうなのだ、自動機械はそれを使う人の個性を標準化して、均一化する。誰もがそうした均一化した人間であることを機械の側が要請するのである。そこからちょっとでも外れると、機械の側が不機嫌になって周りの人から舌打ちされるという、駅の改札口はそういう場所になってしまった。

改札口だけではない。日常の買い物にしても同じことが起きている。大型スーパーマーケットやアウトレットモールやショッピングモールは、自動車でアクセスしやすい幹線道路脇につくられる。建物はぺらぺらの安普請である。10年か20年の定期借地で借りているからまあその程度もてばいいや、期限が過ぎてもしお客さんが来なくなったら、さっさと撤退してまたどこか別の土地を捜せばいいや、というその程度の建物である。

その周辺環境や周辺の地域社会とは全く無関係に唐突につくられる。こんな施設ができたら町内の商店街は間違いなくシャッター通りになる。地域社会を破壊する。昔からの商店街の買い物は、単に商品の売買ではなくて、お店の人と買い物をする人、あるいはお客さん同士のコミュニケーションの場所だったのである。ところが、こうした大型店舗で出会う人たちはすべて見知らぬ人たちである。その見知らぬ人同士の買い物は、自動機械が相応しい。実際、郊外のスーパーマーケットは、今、急速にレジの自動化が進んでいる。お客さんはお店の人とほとんど会話することもなく、コンピューターで制御されたレジのタッチパネルと向かい合って買い求めた商品の精算をする。周りは誰一人知らない人である。見知らぬ人たちの中で、一人で買い物をして、一人で車を運転して家に帰ってくる。孤独だなあ。

マンションという孤独な家

マンションと呼ばれる住形式は、私たちにとって今や最も馴染み深い住み方であると言っていい。１９７０年代から急速に民間ディベロッパーたちの商品として浸透していった住宅である。どのような住宅かというと、セキュリティーとプライバシーを売り物にした住宅である。

因みに、この頃から住宅はそこに住む住民のためではなく、それを売る商売人（ディベロッパー、住宅メーカー）のためにつくられるようになっていった。その商売人が効率よく儲けられるように法律が整えられていったという歴史がある。

売れ筋商品は、駅から近いという交通利便性、完全管理、安全・安心、おしゃれなインテリア、高層階からの景色がいいということが謳い文句である。一言で言えば住戸の内側のみが商品なのである。その一歩外側は管理会社が管理する場所である。それを朝刊のチラシや広告で徹底的に宣伝する。買う側も、自分の住戸の内側にしか興味がない。こうした住宅の設計は、私たち建築家にとっては極めて簡単な設計である。私だったら、ほんの1日で基本的な設計はできる。なぜ簡単か。マンションの住戸の内側と玄関ホールだけ設計すればいいからである。超高層マンションだったらさらに簡単。1階の玄関ホール以外の住戸プラン（平面図）は低層階から高層階まで基本的に同じだからである（最上階はちょっと高額になるように設計するけど）。その上から下まで同じプランを基準階プランと言う。つまり高層建築は1階のロビー部分と基準階と最上階だけ設計すればどんなにそれが高層であったとしても、さして手間はかからないというわけである。

超高層マンションの中心にはエレベーターコアがある。耐震のための重要な構造コアである。各住戸のプランは方位やエレベーターコアとの関係で多少変わるとは言え、基本的に各住戸のプランは均等である。リビングルームを窓側に寄せて設計する。玄関はエレベーターコアからできるだけ離れないようにする。途中で誰かに会わないように設計することが重要である。玄関は指紋認証のセキュリティードア、住戸と住戸は、これもできるだけ干渉し合わないように設計する。隣に誰が住んでも、自分たちの生活のプライバシーを守りたいからである。他の住人と触れあうことはむしろ極力避ける。マンションの設計で細心の注意を払うのはそうしたことである。

実際、他者と触れあうことは減り、最近では、「子供が知らない大人に挨拶されると怖い」という理由で、マンション内での挨拶が禁止されたということがニュースになって、これにはほんとに腰が抜けるほど驚いた【1】。マンション内の様々なトラブルはすべて管理会社に任せる。管理会社が住民相互のトラブルを調停するのである。だからできるだけトラブルを避けたい。そのためには住人同士が無闇に挨拶なんかしない方がいい。そうすれば、住民自治などというそんな面倒なことは一切なくて済むし、楽ちんな住宅である。

マンションの管理はできるだけ自動化したい。オートロックや監視カメラである。それは、マンションの管理である以上に住人の管理なのである。自動管理である。自動管理するためには、住人はできるだけ個々に孤立していた方がいい。そしてできるだけ管理会社の意向に沿った行動をして欲しい。マンション内の挨拶禁止令は、その意向に沿った処置だったのである。

自動運転機械はその自動化される人をそれぞれに孤立させる。

【1】「神戸新聞」2016年11月4日付夕刊

人間を管理する自動運転機械

「パブロフの犬は普通の動物ではなく、本性をねじまげられた動物」【2】である。お腹がすいた時ではなく、鈴が鳴った時に餌を食べるようにしつけられた犬である。本性をねじ曲げられた動物は、自然環境の中でその自然環境と共に生きている動物ではなくて、人間の命令によって行動するようにしつけられた動物である。

【2】『全体主義の起原3』ハンナ・アーレント（みすず書房）。231頁

人間がすべてパブロフの犬のようだったら、それがどんなに大人数であったとしても彼らを管理することは極めて容易である。その人間に何かをさせたい時にただ鈴を鳴らせばいいだけである。実際そういう実験が行われた。「人間を同じ条件のもとでは常に同じ行動をするもの、つまり動物ですらないものに変える恐るべき実験」(同書同頁)である。ナチの強制収容所で実際に行われた実験だった。

「全体支配は無限の多数性と多様性を持ったすべての人間が集まって一人の人間をなすかのように彼らを組織することを目指すのだが、すべての人間を常に同一の反応の塊に変え、その結果これらの反応の塊の一つ一つが他と交換可能なものとなるまでに持って行かないかぎり、この全体支配というものは成立し得ない」(同書同頁)。強制収容所に収容された人びとは、それがどのような指令であったとしても、それに無条件に反応する単なる「パブロフの犬」になるまで徹底して矯正された。毎朝毎朝、同じ時刻、同じ音楽によって起こされ、来る日も来る日も同じ音楽で行進して労働するための場所に行く。疲れ果てて動けなくなった者はそのまま破棄処分になった。強制労働は矯正労働だった。何ものをも生産しない。何らの経済的効果もない労働だった。なんのためにそれをしているか何も説明されなかった。ただ命令に従って何も考えずに従うように身体が自動的に動くように矯正されたのである。何も考えないこと、自分自身は存在しない、人間が集まって一つの塊になって、その塊の一部でしかないのである。人間の集団が一つの塊になる。それこそが、人間が「パブロフの犬」になるための条件なのである。

「彼らは人間の連帯性をことごとく腐敗させてしまった」(同書253頁)。そこに収容されている者たちは、それぞれが何も思考しない、ただ生きているだけの身体だった。「数十万の人間はここで、絶対的な孤独のうちにいることを意識しながら生きている」(同書同頁)のである。絶対的孤独者は命令に対してなに一つ抵抗することはない。

強制収容所は、そうした絶対的孤独の人びとをつくる空間だった。そこはまさに人間そのものを一つの塊として自動運転するための空間だったのである。

自動運転は、自動運転しているように見える機械と人間の関係ではない。機械が自動的に動いているわけではなくて、誰だか特定できない人間による人間の自動運転化なのである。自動運転機械は周辺環境を信号に置き換えて、その信号を読むセンサーによってコントロールされる。つまり環境は信号なのである。環境は信号としてできる限り単純化されている。自動運転機械のために単純化されているのである。そして、その単純化された環境がそのまま人間の環境になるわけである。〈環境＝自動運転機械＝人間〉という三者の関係は、人間の側からは〈人間＝自動運転機械〉という直接的な二者の関係として認識される。自動運転機械のために信号として単純化された環境には気が付かない。だから自動運転の機械に任せるということは、その単純化された環境を無意識(無自覚)に追認しているということである。つまりそれが単純化されているということに気が付かないのである。自分自身がそうした環境の住人になっていることに気が付かない。これはかなり危なっかしいことだと思う。

もし、自動車交通に限らず、今後、都市的な活動の様々な部分が自動運転化することになっていくとしたら、どのようにそれを自動運転化するか、それは非常に注意深く確認する必要があるということである。恐らく自動運転化してはならない活動があるはずなのである。

自動運転機械は人間の活動の代替である。しかしそれはあくまでも切り取られた断片的な活動の代替なのである。たとえば車の自動運転は、限られた道路(自動車専用道という極限の道路)

で、そこを走るすべての車がほぼ一定程度の性能の自動車であれば可能性はあると思う。その車を操作する人は、運転を完全に自動運転機械に任せる。運転手は何も考えてはならない。そこまで徹底することで初めて自動運転自動車は「自動」が可能なのである。運転する楽しさなんて全くない。ポルシェを買ってもその素晴らしい動力性能を発揮することはない。隣を走るトヨタのミニバンに乗っている人たちの方がよっぽど楽しそうだ。マニュアルギアチェンジの車は排除される。車間距離を自動的に保つこともできないし、急ブレーキをかけたらエンストしてしまう。自動運転は車と人間の関係の無個性化なのである。それは人間の無個性化である。

だから一般道では自動運転なんてあり得ないと思う。子供や高齢者やバスやトラックや乗用車や自転車やバイクが混在する道路での自動運転は制御不能である。もし都市での自動運転などを考えるやつがいたとしたら、そいつは都市そのものを変えようとするだろう。自動車の自動運転に相応しい都市に変える、歩行者と車の完全分離、人も車も自動運転。それこそどうしようもなく無個性な都市、管理しやすい都市になっていくに違いないのである。

都市空間は複数の人間たちが共に住む場所である。それぞれに固有の個性を持った人びとである。そこでその個性を持った人が他者と出会い、仕事をし、子育てをし、学校に通い、酒を飲み、議論をする。自分が今、ここで何をすべきなのか、その判断を不断に求められ、そして行動する自由の空間が都市空間である。その自由の権利を自分とは違う誰かに委ねる等ということはあってはならないと思う。それこそ管理都市である。自動運転される都市とは、つまり管理都市そのものである。

10

建築／都市は自動運転をどう受け止めるか

五十嵐太郎

車が自動運転化するということは、移動手段が変わるということだ。移動手段が変われば、人の生活が変わる。生活が変われば、都市のあり方・形状が変わる。そして都市が変われば、建築も変わる。自動運転車が普及する時代、都市や建築はどのような変遷を辿るのだろう。モータリゼーションが都市の形を変えてきた歴史を踏まえ、建築評論家が未来を予想する。

ノーマン・フォスターの未来都市

現在、活躍している建築家で自動運転に最も近いのは、ノーマン・フォスター【1】だろう。香港上海銀行、ベルリンのライヒスターク、ロンドン市庁舎、リング状のアップル本社などを手がけ、ハイテクのデザインで知られる建築家だ。例えば、彼はかつて多才な建築家バックミンスター・フラー【2】が構想したダイマキシオン・カーをもとに、さらに発展させた自動走

【1】 1935年生まれ。イギリスの建築家。1979年の香港上海銀行新本社の指名設計競技に入選し名を馳せる。

【2】 本名リチャード・バックミンスター・フラー。18

行車のD-46の計画案を発表している。つまり、建築設計や都市計画をする前に、そこで走るクルマそのもののデザインから着手した。また2016年、ドローンを用いた医療物資配達システムのためのドローン空港構想をルワンダに提案している。ちなみに、今後、ドローンが普及すれば、これまであまり活用されていなかったビルの屋上が重要な場所に変わるだろう。

通常、建築家はインフラに手をだせない。あくまでも与えられたインフラの上で、どういう建築を設計できるかを考えるが、フォスターは違う。それは彼の事務所はすでに1000人以上のスタッフを抱える巨大な組織になっており、建築の専門家だけではなく、各種の科学者や技術者も雇っているからこそ可能なプロジェクトなのである。

フォスターのデザインによって、アブダビに出現した実験都市マスダール【3】では、タッチパネルに行き先を入力すると、目的地まで自動運転を行う個人用高速輸送機関（PRT）を導入した。その代わりにいわゆる普通の自動車を排除している。これは一部しか完成しておらず、全体ができるのにはまだ時間がかかりそうだが、徹底的にゼロ・エミッションを目指し、サスティナブルな都市計画を特徴とする。都市の輪郭は矩形であり、内部の道路はおおむねグリッドだ。周囲は砂漠だから、隣町との交通を意識する必要はなく、自律的なユートピアといった趣きである。逆に言えば、この交通システムを既存の街でどこでも応用できるかというと難しいだろう。とはいえ、もしゼロから都市をまったく新しくつくるとしたら、いかなる姿がありうるかを考えるうえで重要な挑戦である。もっとも、フォスター以外に都市をまるごと設計するような仕事を引き受けられる事務所はほとんどない。

では、マスダールの都市景観が決定的に過去のものと断絶しているかというと必ずしもそうではない。中近東ゆえに、どこかイスラム風のイメージを組み込み（例えば、イスラム

95年生まれ、1983年没。アメリカの建築家、発明家、詩人。ドーム型の住宅ダイマキシオン・ハウスや当時の技術で燃費効率を極めたダイマキシオン・カー、地球を多面体に投影したダイマキシオン地図などを発明した。多面体のドーム状建造物、ジオデシック・ドームの発明も有名。

【3】アラブ首長国連邦に建設された都市。再生可能エネルギーを利用したゼロカーボン都市を目指し、2006年から着工された。経済危機のあおりを受け、2016年現在、計画の進捗度は5%程度といわれている。

五十嵐太郎（いがらし・たろう）
東北大学大学院工学研究科教授、建築評論家。博士（工学）。1967年フランス・パリに生まれる。2008年ヴェネツィア・ビエンナーレ国際建築展日本館コミッショナー、あいちトリエンナーレ2013芸術監督などを歴任。『日本の建築家はなぜ世界で愛されるのか』（共著、PHP新書）、『ぼくらが夢見た未来都市』（共著、PHP新書）、『モダニズム崩壊後の建築』（青土社）、『日本建築入門　近代と伝統』（ちくま新書）など著書多数。

建築は具象的な装飾を禁じるがゆえに、幾何学的なパターンを好む）、フォスターが得意とする鉄とガラスによるハイテク風の意匠、そして太陽光パネルなどのサスティナブル・デザインなどが目立つ。人々の歩行空間が充分に確保され、広場は緑にあふれ、街区はグリッドに従い、整然としている。が、これらはいずれも既視感のある風景だ。デザインだけを見るならば、大英博物館のグレートコートやミヨー橋など、単体のものの方が圧倒的にすぐれている。むしろ、マスダールで評価すべきは、全体のシステムだろう。そもそもＰＲＴはまだ既存の乗り物の延長線上にあり、これが根本的に違うものにならない限り、都市の姿も決定的には変わらないはずだ。それはクルマの自動運転にも言えるだろう。

クルマはいかに都市を変えたのか

しかし、かつての新しい交通手段の登場と普及はわれわれの生活を大きく変えてきた。19世紀にヨーロッパの都市構造を変容させた交通機関が鉄道だったとすれば、20世紀のアメリカでは自動車がそれに代わったといえる。近代を迎え、建築のレベルでは、鉄、コンクリート、ガラスが主要な材料となり、世界中に同じようなビルが並ぶ風景を出現させた。例えば、壁構造から柱梁の構造にシフトし、壁が荷重を負担する必要がなくなることで、ガラスのカーテンウォールに包まれた高層ビルも日常化している。こうした前提に対し、自動車は、どこにどのような用途の建物をいかなる密度で配置するか、といった状況に影響を与えた。アメリカではフォード社が安価な大量生産に成功し、１９２０年代までに８００万台の車が全土を走るようになった。かくして公共交通機関に縛られない、個人の自由な行動範囲が広がると、都市の前提が変わるだろう。

アメリカの建築家、フランク・ロイド・ライト【4】は、ブロード・エーカー・シティという都市計画を発表している。普通の都市は機能が集中し、高層ビルが林立するが、自動車の社会を前提にすれば、広域に機能を分散させた低密度の都市になり、自然の風景に融合するという。実現したプロジェクトではないが、アメリカらしい自動車のユートピアである。一方で、ル・コルビュジエは中層の集合住宅が密集するパリの街を否定し、都心に超高層ビルを建てることで、足下に緑の空間を確保できる「輝く都市」を提唱した。なるほど、ヨーロッパの建築家からは、ライトのような発想は出てこない。また遅れてクルマ社会に向かっていった日本では、1960年代に黒川紀章【5】が、人々の移動が激しくなる時代が訪れ、カプセルが合体したり、離れたりするように、将来の建築は取り外しが可能になると予言した。これはアメリカに出現したハウストレーラーなどの自動車で移動できる住宅から着想をえている。

これらは極端な提案だが、一般的に自動車は下記のように風景を変えた。まず郊外住宅地の増殖に拍車をかけ、人々が都市の外に消費と娯楽を求めると、商業施設が集中する街のメインストリートや駅前の商店街の重要性が落ちる。一方、ロードサイドでは巨大なショッピングモールのほか、ガソリンスタンド、ダイナー、ドライブ・イン・レストラン、ファストフードなどの店舗が発生した。そして当初は簡素な外観でしかないが、やがて速いスピードで移動する自動車からの注意を引くために、コーヒーカップのかたちをした喫茶店など、過剰なデザインに走る。日本でも、国道沿いで順列組み合わせのように、チェーン店の看板が並ぶ「ファスト風土」的なシーンは、どこでも体験できるようになった。

路上の商業建築は俗悪なものとみなされていたが、ポストモダンの建築家ロバート・ヴェン

【4】1867(または1869)年生まれ、1959年没。アメリカの建築家。建築材料と環境を重視した建築を考案。日本文化に深い関心を寄せ、帝国ホテル(東京)や自由学園を手がけた。

【5】1934年生まれ、2007年没。丹下健三の門下生で建築理論メタボリズムの提唱者の一人。中銀カプセルタワービル、国立民族学博物館、豊田スタジアムなどを手がけた。

チューリ【6】は、1960年代にラスベガスのロードサイドを調査した。その成果は『ラスベガスから学ぶこと』（1972年）で発表され、カジノの街から新しいデザインの方法を導く。自動車の時代に古い美学は通用しない。彼は「装飾された小屋」の概念を発見した。すなわち、道路沿いに大きな看板を掲げ、その背後に離れて本体の建物を配置すること。近代建築は機能性のみを重視し、ユーザーとのコミュニケーションがヘタだった。しかし「装飾された小屋」は、独立した看板がクルマに対するサインの役割をはたす。建物はサインに影響されず、機能性を追求できる。ポストモダンのデザインはアメリカの路上から生まれた。

また都心において、さらに急いで交通量を増やそうとすれば、前回の東京オリンピックにあわせて出現した首都高のように、既存の道路や川の上に高架の道路を建設しなければならない。道路を立体・積層化することで、さらに高密度の利用をはかるものだが、丹下健三研究室による海上に伸びていく東京計画1960の交通計画も、3種類の速度を設定しながら、サイクル・トランスポーテーションのシステムを提示し、こうしたアイデアを先鋭化させている。都心において自動車が増えれば、当然、今度は駐車場が問題になるだろう。限られた場所で対処するには、駐車場の高層化によって面積を稼ぐ、もしくは日本の都市のようなモザイク状の空き地が多い場合、ポケットパーキングやそのネットワーク化が有用となる。

自動運転が都市を変える可能性

映画に登場した自動運転のシーンで印象深かったのは、トム・クルーズ主演の『マイノリティ・リポート』（2002年）だった。2054年の未来都市において、高架道路が水平・垂直

【6】1925年生まれ、2018年没。アメリカの建築家、建築理論家。プリンストン大学ウー・ホール、オート・ガロンヌ県庁舎、メルパルク日光霧降などを手がけた。伊藤公文訳『建築の多様性と対立性』（鹿島出版会）、安山宣之訳『建築のイコノグラフィーとエレクトロニクス』（鹿島出版会）などの執筆でポストモダン建築への道を開いた。

（！）にもはりめぐらされ、ポッド状の乗り物がスムーズに移動している。が、自動運転ゆえに、乗っている人が犯罪者だと判断されると、その命令に従わず、強制的に犯罪予防局に連れていかれる可能性も提示していた。なお、乗り物はそのまま高層マンションの部屋まで到着し、建物と合体する（ゆえに、おそらくカーシェアリングではない）。自動車と住宅がドッキングするイメージは、未来的なドローイングで有名な建築家集団のアーキグラム【7】が提案したドライブ・イン・ハウジング（1966年）をほうふつさせるものだった。もっとも、全体としては懐かしい未来都市のイメージにとどまっている。

やはり、移動のスピードが極端に速くなるなど、乗り物自体のあり方が根本から変わらないと、自動運転だとしても、クルマはクルマであり、建築のデザインや都市の構造のレベルにそれほど大きな影響を与えないかもしれない。仮に自動運転にとって最適化できる道路のパターンが存在するとしても、既存の街並みをそれにあわせて改造するには途方もない時間とお金がかかるだろう（道路の拡幅工事でも相当大変だというのに）。またそのパターンは、中世の都市のような、より複雑なものが適しているとは思えない。もちろん、マスダールのように、まっさらな大地にニュータウンを建設するケースもある。が、そうした場合は、自動運転が登場する以前から、基本的にグリッドなどの整然とした街路パターンを選択していた。したがって、自動運転の導入は決定的な違いを生まないだろう。

ただし、自動運転によってカーシェアリングが進むならば、駐車場が減り、建築や都市構造にも変化を与えるかもしれない。ただし、これはハードの問題というよりも、社会がそれを推進するよう誘導する道を選択するかという別のレベルの前提に関わるはずだ。つまり、その場合、自動車の販売数が減ってもよいことを共有する。駐車場の面積を削ることができれば、都

【7】1961年に創立したイギリスの建築家集団。雑誌『アーキグラム』を発行し、未来的な都市計画を発表した。

市部では公共空間が広がるだろう。もっとも、日本人は広場をうまく使いこなせない習性があって、すぐに禁止事項を羅列した看板が出てしまうのだが。また建物を使わなくなったら、とりあえず壊して、駐車場にしとけ、といった手法がなくなれば、むやみなスクラップ・アンド・ビルドに歯止めがかかるかもしれない。以前、銀行が合併すると、しばしばすぐれた近代建築のほうが解体され、駅前に駐車場が出現し、残念に思っていた。

ともあれ、クルマという新しいハードが出現したときほどのインパクトはないだろう。むしろ、その前提を踏襲したうえで、都市の微調整が行われる。が、そのマイナーチェンジはやむをえなく行われるというよりも、われわれがどのような社会にしたいのか、という意思によってコントロールされるものではないかと思う。

第2部

モビリティと産業の変化

11　自動運転・シェアリングエコノミーと地域公共交通

加藤博和

地域公共交通はその地域の財産であり、地域自らが守り育てていくことでよりよいものとなる。そのためには、公共交通を担う事業者が、単に運ぶことを目的とする運送事業者という枠にとらわれず、「移動すること自体の楽しさ」や「移動先の楽しさ」を提案することが求められている。

はじめに

本章では、将来の「自動運転＋カー・ライドシェアが一般化した社会」を想定し、そこに向けた地域公共交通の変革必要性について論じる。現在は、各々の交通主体が限られた情報から判断して交通行動を行っているが故に、渋滞や事故、環境負荷増大などの問題を引き起こしている。しかし、自動運転を含むＩＣＴ（情報伝達技術）の活用やシェアサービスの導入により、インフラや車両を活用し、各主体の需要をできる限り満たしつつ費用を効率化する形への転換が見込まれる。輸送の効率化のみならず、環境負荷の削減、移動制約者にとっても利用しやすい交通手段の提供、事故の減少といった効果も考えられる。

同時に、公共交通や輸送に係る事業モデルも大きく変貌する。ＩＣＴ進展によって旅客交通は減少が見込まれるものの、大量・高速輸送の需要に対しては引き続き乗合旅客交通機関が必須であり、それは同時に街を賑やかにする装置としても機能する。また、貨物交通は、物流事業者のロジスティクスシステムと連動することで輸送の効率化・省人化が見込まれ、輸送量は増加していくと考えられる。さらに、運行効率化のため、様々な目的を持つ人同士や、貨物との「混載」も、特に中山間地域の公共交通ではどんどん増えていくであろう。

一方で、自動運転を実現するためのシステムや、シェアリングのためのマッチングシステムについては独占化が進まざるを得ないであろう。その場合の個人情報の扱い、そしてセキュリティ面の不安が懸念される。ＩｏＴ技術全般に言えることであるが、セキュリティホールを突かれることによる社会混乱が計り知れない大規模なものになる可能性に注意を払うべきである。

自動車業界やＩＴ業界などがこの技術革新に向けて猛進する一方、それによってビジネスモデルが崩壊もしくは大きく変化するであろう旅客運送業界は、現状ではほとんど手を打てていない。それどころか、ＩＣＴ活用に関して他業界よりも相当遅れている。ＩＣＴを中心とした新技術を運行管理や顧客サービスに積極的に取り入れ、旅客運送サービスにブレークスルーを起こしていくことが急務である。それを怠れば、他業種からの新規参入によって駆逐されてしまうであろう。また、ＩＣＴでいろいろな活動が「交通しなくても」できる社会において「それでも交通したいと思う」訴求力がある交通網をはりめぐらし、世の中に提案し時代をつくり出していくという気概と戦略を持つことも大切である。

本章では、このような将来展望に基づき、現在の地域公共交通が抱える困難や、国の制度改革、関連するモビリティサービスの展開を踏まえ、地域公共交通が今後どのように変わっていくか、いかなければならないかについて、著者の見解を述べる。

加藤博和（かとう・ひろかず）
名古屋大学大学院環境学研究科附属持続的共発展教育研究センター教授。人にも地球にもやさしく災害にも強い持続可能な都市・地域と交通システムの実現を目指し、交通政策が環境に及ぼす影響の評価手法の開発や、低炭素な交通体系（EST）や都市・地域空間構造の形成に関する研究に携わる一方、路線バスや鉄道などの地域公共交通の活性化・再生に全国の多くの現場で取り組んでいる。

地域公共交通の必要性と危機

日本では明治期より鉄軌道整備が進んだ一方で、道路網整備が遅れたことからモータリゼーション進展も遅く、公共交通網が都市・地域の空間構造を規定するという状況が1970年代頃まで続いた。そのため公共交通事業は運賃収入による独立採算が可能であった。しかし、1970年代以降は、モータリゼーションとそれによる都市・集落の拡散、そして地方部の過疎化が進展し、公共交通事業の効率性が低下の一途をたどった。これでは十分な公共交通網が確保できないことから、自治体が主体的に関わることが必要とされるようになった。2007年に「地域公共交通の活性化及び再生に関する法律」(以下、活性化再生法)が施行されるなど、公共交通に関する国の制度変更が進んだのはそのためである。

自動車を個人所有し、整備された道路を利用して好きなところに行けるモータリゼーションは、人間活動の空間的広がりを飛躍的に拡大させ、同時に公共交通に依存しないライフスタイルが広く浸透した。しかし自家用車は、それを所有できる経済力があって、かつ公安委員会が「免じて許す」人しか運転できず、「だれでも」恩恵を享受できるわけではない。

そのため、モータリゼーションの進展は、経済的・身体的・認知機能的理由から自家用車を利用できない人が生活に著しい支障を受けるモビリティ・ディバイドの問題を生んだ。だれでも対価を払えば利用できる公共交通機関は、地域にとって重要なインフラだが、利便性が低い地方部を中心に維持が困難になり、自治体がその対応にあたっている。今後は、高齢運転者増加に伴う交通事故リスク増大への対策や、日本の交通事情やルールに慣れていないインバウンド旅客の移動確保の観点から、公共交通の必要性がさらに認識されることとなろう。

運転者不足と自動運転への期待

ところが、公共交通の運行に欠かせない職業運転者の不足がここ数年で急速に深刻化している。働き手不足はどの業界でも共通だが、運転者不足は特に著しく、有効求人倍率はトップクラスになっている【1】。根源は２０００年代初頭の運輸事業規制緩和によって待遇が大きく悪化したことや、東日本大震災など大規模自然災害からの復興事業や東京オリンピック・パラリンピック関連の建設需要の増大で、それに関わる運転者が多く必要となったことにある。

結果として、運転者不足を理由とするタクシーの稼働率低下やバス路線の減便・廃止が目に付くようになってきている。特に地方部では極めて深刻で、改善の見通しもない。営業用バスの運転に必要な大型二種運転免許の取得者は年率１％程度の減少が続いている。若年層の新規取得が少なく、40歳未満の取得者は全取得者の１割に満たない。平均年齢はまもなく50歳を越える。このままいくと、バス運転者を含む全国の輸送・機械運転従事者数は２０１３年から２０２３年の10年間で22％減少し、50歳以上の割合も50％から63％に増える見込みである【2】。

そういったなか「自動運転」を待望の技術と受け止める向きが多く、運行実験も多く行われている。バス・タクシーが自動運転となれば、職業運転者不足による供給制約が緩和できる。各地で行われている実証実験は報道で多く取り上げられ、それを見ていると一般に普及する日も遠くないように思えてくる。ただし、開発に携わっている企業や研究者の方々と話をすると、限定された状況下では実用化が視野に入っているものの、自家用車一般に広く普及するまでにはまだ相当な時間がかかるようである。それまでの間に、日本では団塊の世代が後期高齢者となり、自動車の安全運転が難しくなってくる。自動運転一般化までのタイムラグがどれだけに

【1】輸送業の人材不足について詳しくは第14章「ＩＣＴで運輸の人手不足を解消する」小島薫にて詳述。

【2】「自動車運転者の労働力不足の背景と見通し」小田浩幸（国土交通政策研究所報第56号、２０１５）

なるかが、今後の公共交通政策を考える上で一つのポイントとなる。

日本の公共交通と「ライドシェア」「カーシェアリング」

自動運転に比べると話題になることは少ないが、やはりこのところ注目が集まっているのが「ライドシェア」や「カーシェアリング」である。これは、ICTを用いてモノを共同利用できるようにし効率を高める「シェアリングエコノミー」の自動車版である。様々な移動を1台にまとめることができれば固定費用が低減でき、交通量そしてエネルギー消費・環境負荷の削減にもなる。

ライドシェアのベースとなった自家用車の相乗り（カープーリング）は渋滞緩和策として以前から考えられ、アメリカなどでは具体的な推進策が行われていたが、同一方向へ同一時刻に移動する人をマッチングさせる方法が限られ、広く普及しなかった。ところが現在では、インターネット上で需要と供給を募集しマッチングさせ、スマートフォンで移動時にその応募や閲覧が可能となった。また、インターネット決済を可能とし、運転者の質を保証するために利用者評価の履歴公開機能も付加したスマホアプリが開発され、ライドシェアは世界各地で一般化した。

最大手のウーバー（Uber）社は創業9年で世界の70以上の国、600以上の都市に展開した。日本でも東京や名古屋などでタクシー配車サービスを行っており、さらに過疎地域における有償ボランティアによる白ナンバー車での運送も手掛けるようになった[3]。Uberのアプリは一般タクシー（緑ナンバー）の予約配車システムとしても活用できるが、自家用車ライドシェアに活用することで有効性が増す。なぜなら、規制があるタクシー事業と異なり、自家用車は供

[3] 後述する道路運送法79条に基づく自家用有償運送。白ナンバー車は対価を徴収して人を運送することが禁じられているが、それが許される緑ナンバー事業者が供給できない場合には認められる特例。

給量・運賃ともに可変であり、アプリによって需給のマッチングが即時的に可能となることで柔軟な市場が形成できるからである。そもそも、自家用車の間合い利用のため経費は安くなり、利用者が払う運賃はタクシーより安く済む場合が多くなり、自家用車保有者もアプリ事業者も利益を得ることができる。ただし需要を満たせるような供給が現れる保証はなく（市場原理に任せる）、供給が少ないとむしろ運賃が高くなってしまうという仕組みである【4】。

日本の現行法（道路運送法）では、自家用車（白ナンバー）による有償運送（利用者から対価を受ける）は、営業用であるタクシー・乗合バス（緑ナンバー）での運送が不可能な地域や対象者（高齢者や障がい者など）に限られ、自治体が主宰しタクシー・バス事業者等の利害関係者が参加する地域公共交通会議もしくは運営協議会で認められ、国に登録したものを除き違法である。また、無償運送（ガソリン代程度の実費を受け取るものも含む。UberPOOL・nottecoはこの範疇とされる）は国の許可・登録なく可能であるが、必然的に供給量は限られてしまう。

そのため、日本で自家用車ライドシェアは公共交通空白地で試行されているが、このような地域ではそもそも自動車交通量が少なく運転者確保も容易でない。主な利用者となる、自家用車が使えない高齢者の大半はスマホにも慣れていない。もし全面合法化となれば、むしろ都市部での普及が見込まれ、顧客層はタクシーと重なってくる。そうなると、既存の法人タクシー事業の枠組みや無線配車システムが無力化され、乗客にとって選択可能性が低い駅等での待機や流し営業も比較劣位となる可能性がある。タクシー事業者がUber等から予約配車を受ければ手数料負担が必要となり、顧客獲得の主導権も奪われてしまう。タクシー・バス業界は、自家用車ライドシェアが合法化されることで、そうなった外国の諸都市のように、事業の存立が危うくなり、運送の安全が保証されず、運賃も大きく変動するようになり、移動環境が大きく

【4】なおride-sharing（相乗り）は本来、発着地が似通った人たちが1台の乗り物に同乗すること（uberPOOLやnottecoなどが当てはまる。広義には乗合公共交通も含まれる）だが、現在よく言われているライドシェアは、運転者自身の移動目的はなく、専ら運賃収入を得るため人を運ぶことを目的としており、英語ではride-hailing（車を呼ぶ）と言うことが多いようである。

損なわれると主張し、強硬に反対している。

なお、「カーシェアリング」はライドシェアとは似て非なるものであり、日本でも普及が進んでいる。これは、クルマを共有して必要な時に使用する仕組みで、費用削減効果が期待できる。日本では特に地方部で、自家用車保有が一家に1台から1人に1台へと進んできたが、自家用車の稼働率は低く、時間ベースで平均10％未満というデータもある。といっても稼働は通勤時間帯などに集中するため、共有化の推進には限界があるが、特に自家用車利用が少ない大都市圏では一般的になっている。

次世代モビリティと公共交通の形

以上で挙げた、自動運転、ライドシェア、そしてカーシェアリングは互いに親和性が極めて強く、それらを組み合わせた次世代モビリティの形を描くことができる。自動運転が一般化すれば、自分が使わない時にライドシェアに供給したいと考える自家用車保有者が増え、そもそも保有をやめライドシェア利用に転換する人も増加する。その結果、共有自動車によるライドシェア利用が多数を占めるようになる。自動車メーカーがライドシェアアプリ運営事業者と協業しているのは、この分野での先行者を取り込み、多数の移動供給者と需要者をいち早く確保するためである。

ライドシェアでは予約（出発時刻と目的地、車種等）が必須であり、アプリ運営事業者は予約・走行データを得る。これは検索サイトによる検索ログの活用と同様、様々な分析に利用できる。データを分析することで、渋滞が予想される経路や時刻について課金を重くするピークプライシングの効果も期待できる。

では、自動車が自動運転になると公共交通は不要となるのだろうか。下記の理由でそれは誤っている。確かにタクシーはライドシェアと渾然一体となってしまうが、バス以上の輸送力を持つ中・大量輸送機関は（それ自身が自動運転となって）残り続ける。ライドシェアによって相乗りが進んだとしても、自家用車サイズでは輸送力が小さすぎて、中・大量輸送機関を代替することができないからである。そのため、車両の予約時に中・大量輸送機関への乗換が推奨されるシステムとなると考えられる。すなわち、現在の乗換検索サイトがタクシー＝ライドシェアを自動予約するようなイメージである。こうなってくると、予約に応じてバスやオンデマンド乗合交通といった輸送が仕立てられることで、ルートやダイヤが可変となるかもしれない。それゆえに、鉄軌道や、ＢＲＴ（Bus Rapid Transit）のように専用軌道を持つ輸送機関からなる幹線のネットワークと、それを軸とした都市・地域の空間構造を形成できるような土地利用・施設計画が非常に重要となるだろう。

進む制度改革、後れをとる事業形態

このように、自動運転とシェアリングエコノミーが浸透していった先には「次世代地域公共交通システム」が出現する。これが１９７０年代の地域公共交通全盛期と全く異なるのは、公共交通事業者のイニシアティブが強い「売り手市場」ではないということだ。次世代公共交通システムでは、利用者と供給者をつなぎ、乗換検索や予約配車をつかさどるポータルサイトが力を持つ「買い手市場」となる。

日本の、特に地方部の地域公共交通がこの半世紀近く衰退の一途をたどってきたのは、モータリゼーション進展によって「売り手市場」の維持が不可能になっていったにもかかわらず、サービスの見直しが進まなかったことが大きい。90年代までは運賃値上げを繰り返し、利用者減少とさらなる値上げとの負のスパイラルが止まらなくなった。そのため値上げを凍結する代わりに経費節減に走り、サービス切り下げを進めた。この結果、自家用車を自由に使える人が大半となったにもかかわらずその人たちに選んでもらえるサービスを提供できず、生徒・児童や高齢者などを主なターゲットとした低サービスの公共交通網になってしまった。そして経費節減にあたり、運行に不可欠な運転者については労働条件切り下げで対応したが、サービスの企画・宣伝を行う内勤職員は人員削減になり、利用者増加の手段を検討・実施・広報する機能が失われてしまっている。そして、今や肝心の運転者の確保も困難になってしまった。このような事業形態では拡大再生産は望めず、中・長期の展望は描けない。

自動運転社会を迎えるまでにはまだ時間がかかり、一方で地域公共交通政策は日増しに重要視されてきている。日本では、21世紀に入ってから地域公共交通に関する制度の見直しが大きく進んできた。その流れは大きく以下の三つに整理される。

① 国・公共交通事業者から自治体へのガバナンス移行
② 住民・利用者、公共交通事業者、自治体の三位一体による運営スキームの一般化
③ 適材適所を実現するためのモード多様化

①は2002年の乗合バス・タクシー事業の需給調整規制廃止や、2006年の地域公共交

通会議・運営協議会制度新設、そして2007年施行の活性化再生法で自治体が地域公共交通網形成に主体的に取り組むことを努力義務とした（第四条）点などがあたる。②は地域公共交通会議等の取り組みに加え、法定計画（地域公共交通網形成計画、活性化再生法第五条）の策定・実施に関する協議を行うことが定められた協議会に地域公共交通に関わる利害関係者の参画を求めている点があたる。③には、地域公共交通会議等での協議によって乗合バスの運賃設定が自由になったり、タクシー車両（定員10名以下）による乗合運送やオンデマンド乗合交通の運行が可能となった点、および活性化再生法でDMV（Dual Mode Vehicle、鉄道と道路の両方を走れる車）や水陸両用車といった新モードの導入にあたっての優遇措置が設けられた点が挙げられる。

このような制度見直しによって、自治体の地域公共交通政策のツールや選択肢は大きく広がり、それを活かして様々な改善を進める自治体が現れている。一方で、何ら対応していない自治体も少なくない。地方分権推進の過程ではやむを得ないことであるが、自治体間格差が広がりつつある。また、自治体が手をつけやすい自治体運営バス（いわゆるコミュニティバス）や第3セクター鉄道を対象とした施策は多く行われているが、従来からある民間事業者運営の鉄軌道・乗合バス・タクシーの改善はかなり遅れている。

また、2014年に活性化再生法が改正された際、重要なキーワードとして「網」がクローズアップされ、法定計画の名称も「地域公共交通総合連携計画」から「地域公共交通網形成計画」に変更された。これは、各モード間の連携や、乗継を円滑化する取り組みが不十分であることを踏まえたものであるが、まだこの部分の推進は緩慢な状況である。このことと、近年の運転者不足や運行経費上昇とが相まって、タクシー・バス事業者でないライドシェアを導入したいという意見が出やすい素地をつくっている。

今後の自動運転・シェアリングエコノミー時代への変化を考えると、「売り手市場」時代を引きずった旧態依然の事業スキームは致命的である。マーケティングの発想が希薄で、その手法を適用するために必要となる利用・運行状況や顧客の意識も把握できず、せっかく協議会等で路線改善の検討をしようとしてもその基礎データが得られないというお寒い状況にある。これでは、中・長期を展望どころか、直近の地域ニーズにも応えることができず、公共交通事業者の存在はますます危うくなってしまうであろう。

地域公共交通変革の方向性

地域の大切な財産である地域公共交通を地域自らで守り育てていくという自覚と行動が求められる。戦後長年続いた国と公共交通事業者による公共交通ガバナンスが地域のモラルハザードを生み、公共交通衰退の一因となった。現在は地域・自治体の主体性が重要とされているが、これがＩＣＴ活用によって再び軽視されることがあってはならない。

地域公共交通は、地域でいつまでも暮らしていけるためのインフラであり、また他地域からお越しいただくための〝おもてなし〟でもある。様々なデータを活用しつつ、地域が主体的に創意工夫し利用促進活動を行うことで、地域の活性化にもつながっていく。こういった形で、地域公共交通が次世代に向けて展開していくためにどのようなアプローチが必要なのだろうか。

まず、運送事業からMaaS（Mobility-as-a-Service）を担う事業への脱皮である。これは、単に運ぶだけでなく、一連となる移動を提案し提供することを意味する。つまり、ユーザーにとって目的地までに利用する手段が分かり易く、乗継が円滑であることが必要である。そのためには物理的な改善はもとより、事業者間連携や、一括で一貫した情報提供があってこそ実現できる。現在は各手段についての情報提供さえ心もとないが、今後は主要検索エンジン等で活用されるための標準データでの提供が必須となる。また路線図・時刻表といった訴求ツールの洗練も欠かせない。公共交通機関だけでなく、カーシェアリングやレンタサイクルなども一括して扱われるべきである。

また、大半の移動はそれ自体を目的とするのでなく、移動先で用事を済ませるために行われるので、それとセットで提案・提供されることも必要となる。今後はＩＣＴの浸透で移動の必然性が低下することから、「移動すること自体の楽しさ」と「移動先の楽しさ」のかけ算としてのライフスタイル提案が求められている。

これをやろうとすると、データに基づいたマーケティングが重要である。そのため、データ収集・蓄積・解析の仕組みが必要である。乗換検索や乗車予約のログ、およびＩＣカードデータは極めて有用となる。車両の各種センサーやドライブレコーダーなども活用できる。現在は事後に解析が行われるが、ＩｏＴの普及によってリアルタイム解析へと進展し、モバイルデータなど他分野の様々なデータと合わせて需要動向の把握・予測が可能となるだろう。これによって費用効率的で需要に対応した運行も実現でき、自動運転が普及する将来には公共交通のデマンドレスポンスな運行が実現できるかもしれない。

そして、何と言っても大事なのは安全で安定した運行である。自動運転時代に向けて、安全支援装置は徐々に充実していくであろうが、人が関与しなければならない部分は少なくとも当分は残り続ける。そのための運行管理・労務管理システムもＩｏＴの活用が期待される分野であり、それによって運転者の労働条件も改善できる可能性がある。この数年、貸切バスの重大事故が頻発したことで、法規制の見直しも行われたところであるが、安全・安定運行をおろそかにしては、公共交通事業者への信頼が成り立たないことは忘れてはならないし、それが保証できない事業形態を認めることもあってはならない。

12 本当に必要な高齢ドライバー対策は何か

市川政雄

2010年代に起きた複数の死亡事故から、高齢者の運転は社会に危険視され、免許を返納させる取り組みが進んでいる。しかし、高齢者の運転は本当に危険なのだろうか。データを仔細にみていくと必ずしもそうとは言い切れない現実が浮かび上がってくる。自動運転車は高齢者の移動手段としても大きな期待が寄せられているが、その前に、そもそも高齢者から運転する自由を一律に奪ってしまっていいのか、その是非を検討してみてほしい。

高齢ドライバーは本当に危険なのか

高齢ドライバーが危険だと思われるのは無理もない。近年、高速道路の逆走がたびたびニュースで報じられているが、その約7割が65歳以上のドライバーによるものである【図1】。また、高齢ドライバーによる死亡事故は多く、運転免許保有者10万人当たりの死亡事故件数がもっとも多いのは75歳以上のドライバーである【図2】。

これらは高齢ドライバーを危険視する根拠として一見もっともらしい。しかし、65歳未満の

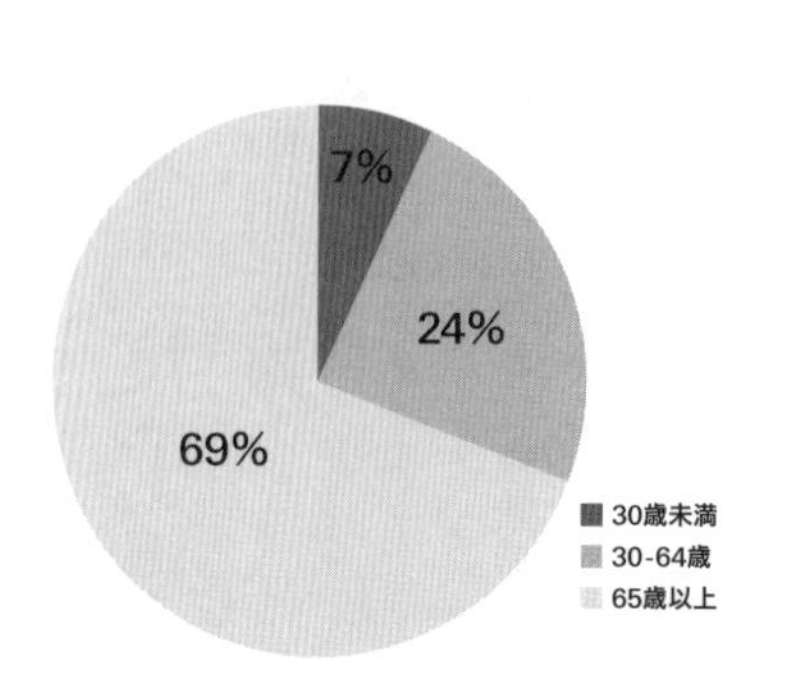

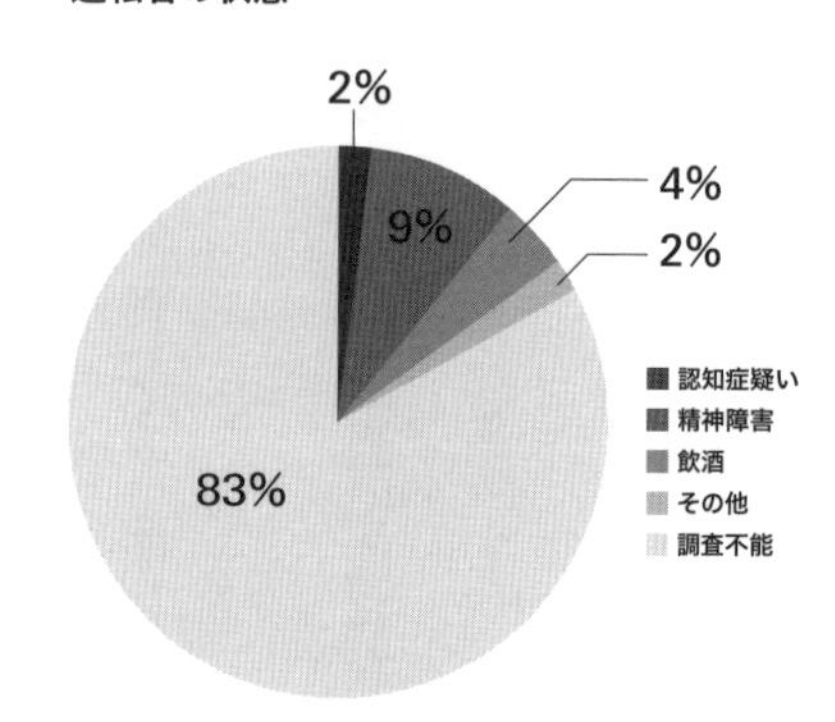

[図1]高速道路での逆走の発生状況(2011-2014年:739件) [1]

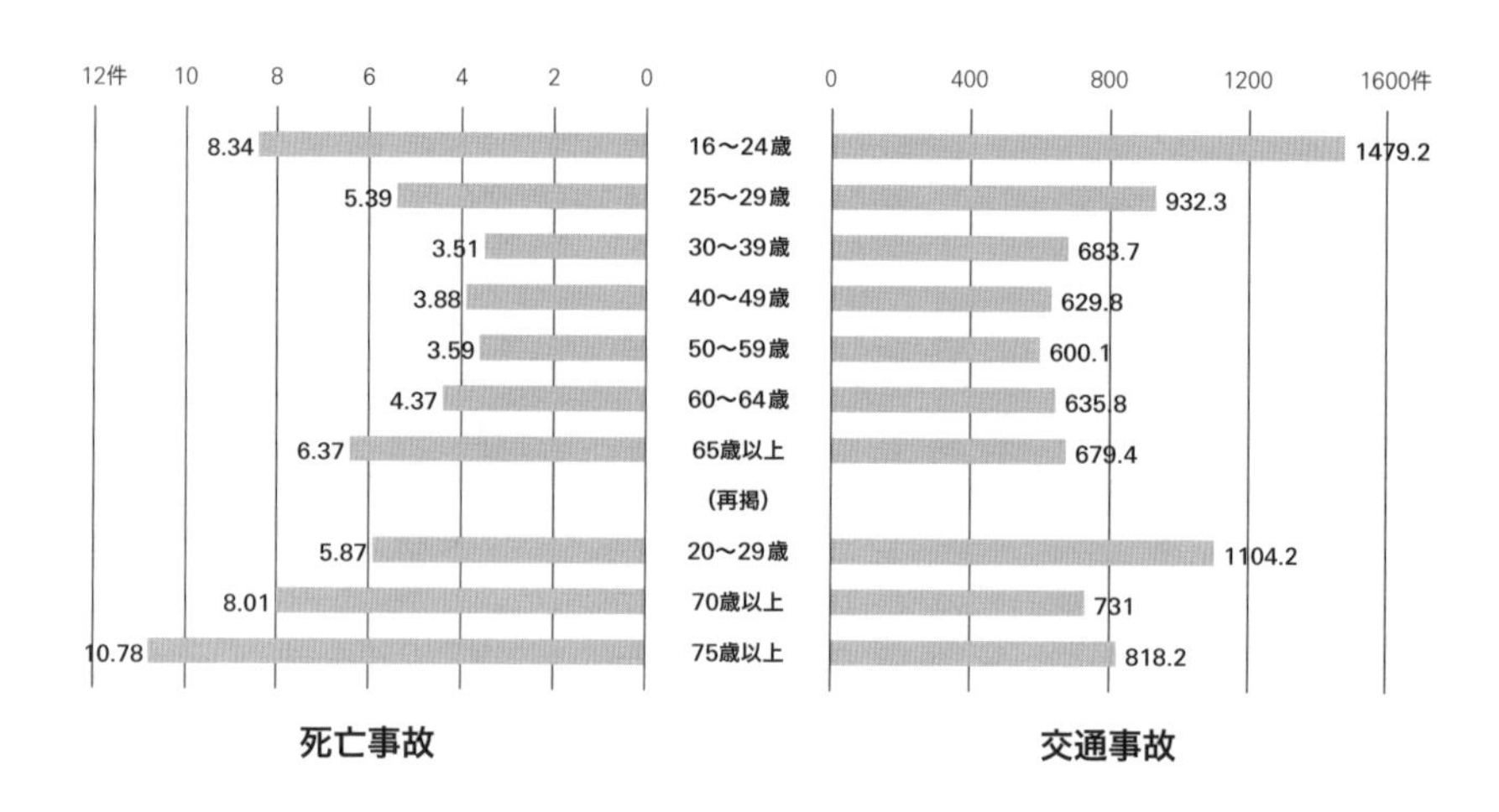

[図2]原付以上運転者 (第1当事者)の年齢層別免許保有者10万人当たり交通事故件数(2013年) [2]

[1] 東日本・中日本・西日本・首都・阪神・本州四国連絡高速道路株式会社：高速道路における逆走の発生状況と今後の対策（その2）より

[2] 警察庁交通局：平成25年中の交通事故の発生状況より

ドライバーも高速道路を逆走しているということは、高速道路の構造にも問題があるということではないだろうか。また、高齢ドライバーに死亡事故が多いのは、以下に示す通り、高齢ドライバーが事故を起こせば、高齢であるがゆえに自ら命を落とす可能性が高いからである。

高齢ドライバーが本当に危険かどうかを検討するには、高齢ドライバーが他の年齢層と比べ、どれだけ事故を起こしているのか、そして事故を起こした結果、どれだけ被害が及んでいるのかを確かめる必要がある。そこで【図3】に走行距離100万キロメートルあたりの事故件数（事故率）を衝突相手別に、【図4】に事故100件あたりの死傷者数をドライバーとその同乗者、衝突相手別に示す。

なお、ここで示す事故率の分母は運転免許保有者数でなく業務以外の走行距離、分子は業務以外での事故件数である。これは、高齢ドライバーの走行距離や運転目的が他の年齢層と異なるかもしれないので、そのことを考慮するためである。

【図3】を見ると、高齢ドライバーの事故率は70代から上昇し、80代になると20代前半の事故率に近づくが、10代の事故率には到底及ばないことがわかる。事故の被害については、【図4】から事故を起こしたドライバーの年齢で衝突相手の死傷者数にあまり大差なく、対自動車事故においては高齢ドライバーによる事故のほうが死傷者数は少ないことがわかる。これに対して、ドライバー本人と同乗者の死傷者数は高齢になるほど多くなる。これは高齢になるほど死傷リスクが高まり、高齢ドライバーは高齢の同乗者を伴うことが多いからである。

このように、高齢ドライバーは世間で思われているほど事故を起こしておらず、事故を起こしても衝突相手に過剰な死傷リスクを負わせているようなことはない。高齢化が進むわが国において、高齢ドライバー人口も高齢ドライバーによる事故の絶対数も増えているので、

市川政雄（いちかわ・まさお）
筑波大学医学医療系教授。1973年生まれ。筑波大学大学院人間総合科学研究科准教授などを経て、2010年より現職。専門は公衆衛生学、国際保健学。これまでは日本と東南アジアで外傷や精神保健に関する疫学研究に従事。最近では交通政策や都市計画・コミュニティデザインが健康に及ぼす影響に関心を寄せている。

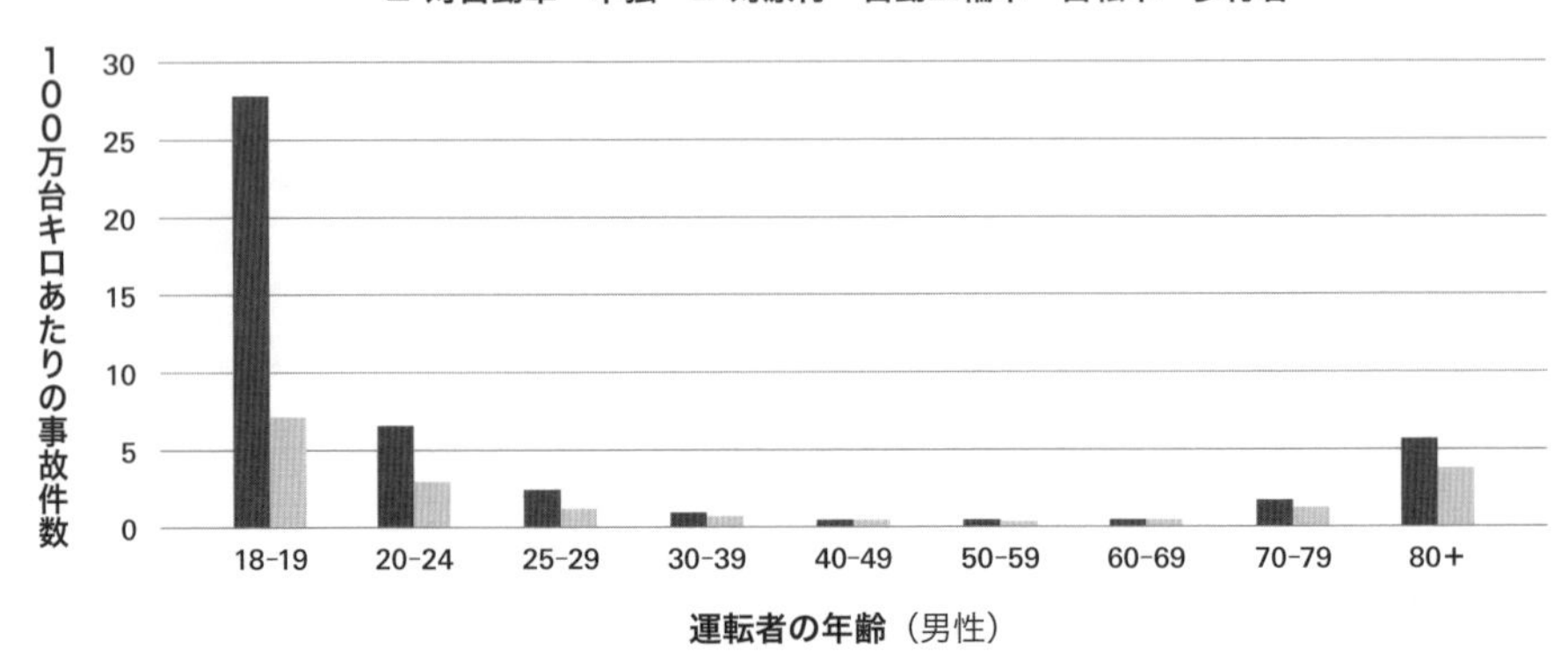

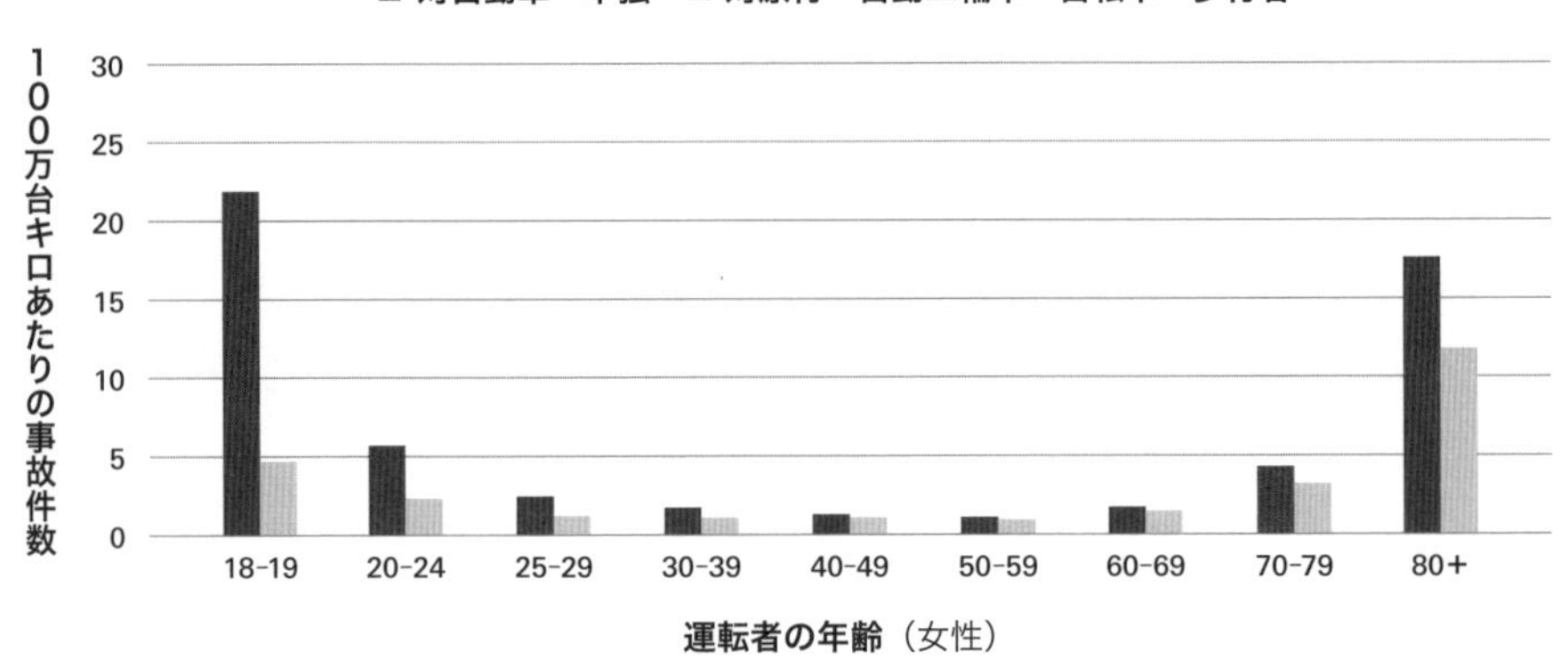

[図3]運転者（第1当事者）の年齢層別 100万台キロあたりの事故件数（男女別）

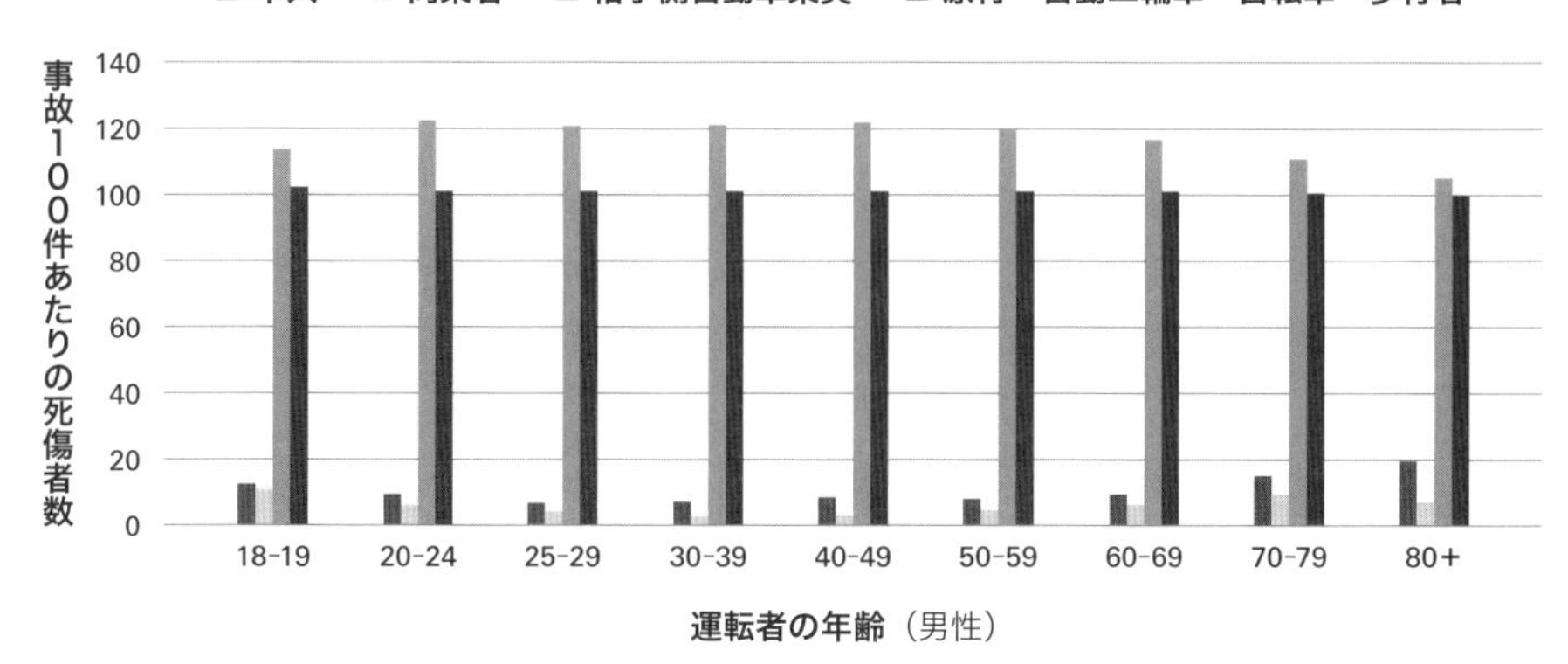

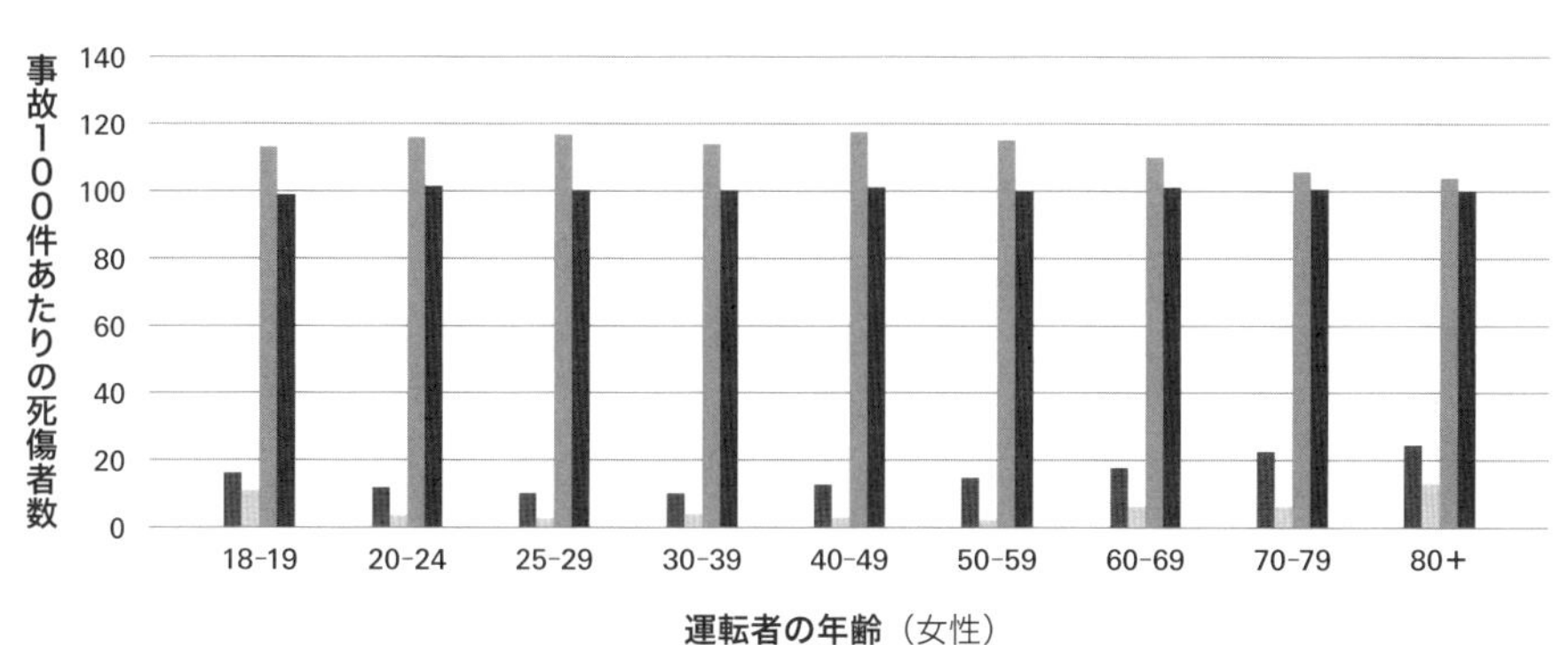

[図4]運転者(第1当事者)の年齢層別 事故100件あたりの死傷者数(男女別)[3]

[3] Ichikawa M, Nakahara S, Taniguchi A. Older drivers' risks of at-fault motor vehicle collisions. Accid. Anal. Prev. 2015;81:120-3 より

その対策は欠かせない。しかし、高齢ドライバーを一律に危険視して、高齢者から運転する権利を奪うことはあってはならない。

高齢ドライバー対策を見直す

わが国の高齢ドライバー対策には、免許返納の推進、免許更新時の高齢者講習・認知機能検査のおもに三つがある。高齢者講習は高齢ドライバーに事故を起こさず運転し続けてもらうことを目的としているのに対して、免許返納と認知機能検査は高齢ドライバーに運転をやめてもらうことで事故を防ごうとするものである。認知機能検査は認知症の疑いのある高齢ドライバーを見つけ出し、認知症の診断が下されたら、そのドライバーの免許を取り消すという点で、自主的な免許返納とは大きく異なる。果たして、効果はあるのだろうか。

これら高齢ドライバー対策の根本的な問題は、その効果を実社会で検証しないことである。とにかく対策を講じ、対策に効果があるかどうかわからないまま対策は続く。これでは対策を講じる意味がない。

ここで対策を見直すきっかけをつくるため、交通統計のデータに基づき、高齢者講習の効果に疑問を呈したい。【図5】に、免許保有者1万人あたりの事故件数（事故率）の推移を、事故を起こした高齢ドライバーの年齢層（65〜69歳、70〜74歳、75〜79歳、80歳以上）ごとに示す。また、ドライバー全体の1億走行キロメートルあたりの全事故件数も示す。

なお、高齢者講習は75歳以上のドライバーを対象に1998年10月にはじまったが、対象ドライバー全員が一斉に受講するのではなく、各自が免許更新時に受講する。免許更新が３年に１度のため、対象ドライバー全員が受講し終えるのは、講習導入から３年が経過した２００１年９月頃ということになる。また、２００２年６月から講習の対象年齢が70歳に引き下げられたので、70歳以上のドライバーが受講し終えるのは２００５年５月頃ということになる。

【図５】から何が読み取れるだろうか。まず、どの年齢層においても１９８６年から２００１年あたりまで事故率は増加傾向にある。ところがその後、事故率は平行線をたどり、２００５年あたりから下がりはじめている。これは70歳以上のドライバー全員が講習を受講し終えた時期と一致しており、

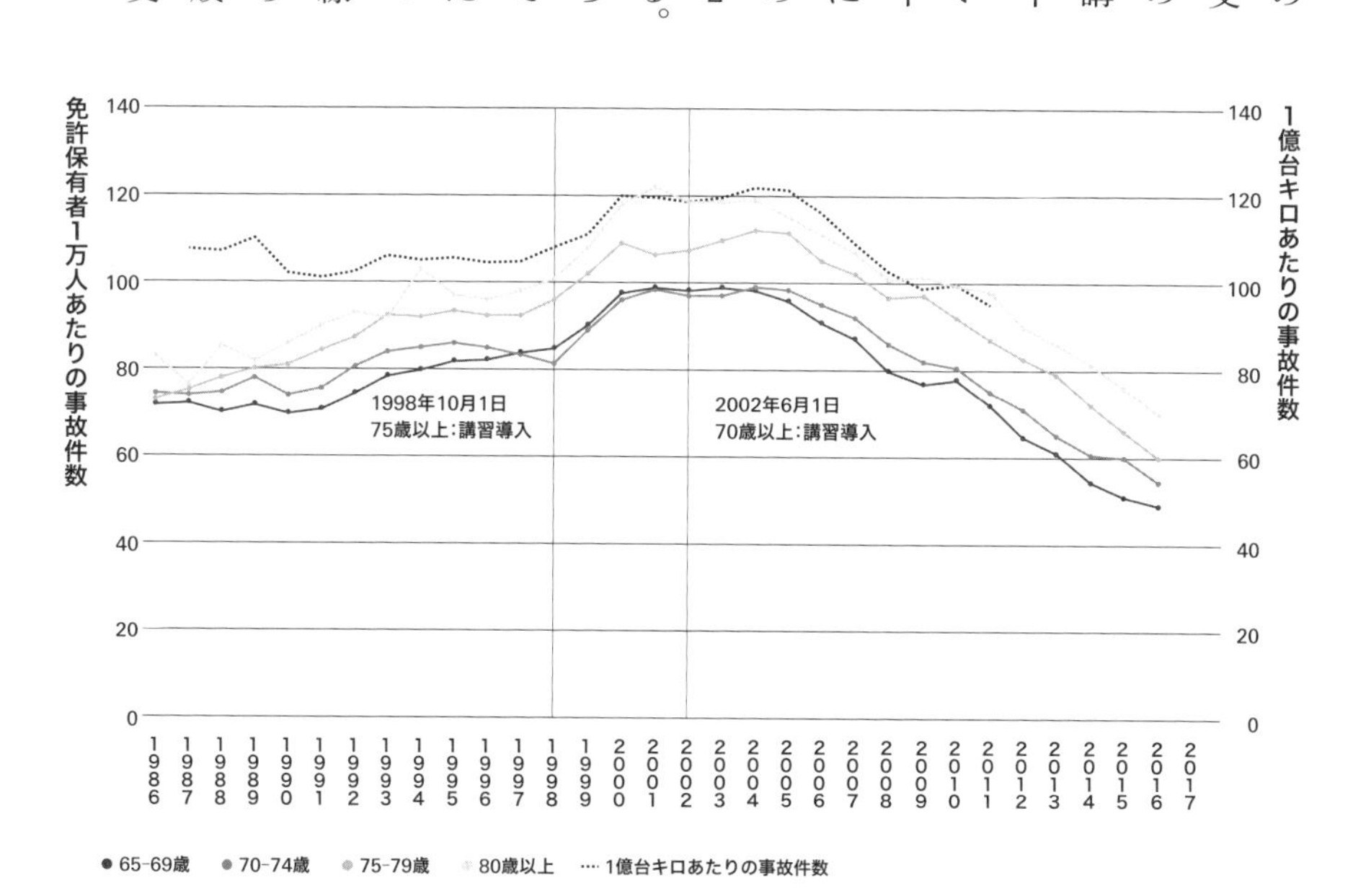

［図5］運転者（第１当事者）の年齢層別事故率（免許保有者1万人あたりの事故件数）と運転者全体の事故率（1億台キロあたりの事故件数）の推移 [4]

［4］ Ichikawa M, Nakahara S, Inada H. Impact of mandating a driving lesson for older drivers at license renewal in Japan. Accid. Anal. Prev. 2015;75:55-60 より

講習の効果のように見える。しかし注意したいのは、この事故率の推移は70歳以上のドライバーだけでなく、講習の対象ではない65〜69歳のドライバーにも見られることだ。また、ドライバー全体の走行距離あたりの事故率も同じ傾向をたどっている。これは事故率が講習以外の要因で低下したことを示唆する。

高齢者講習で交通安全に対する意識が高まったという声もあるようだが、事故率の低下に寄与しないのであれば、講習の意義は薄い。高齢ドライバーが支払う受講料の総額を試算したところ、2014年だけで178億円に上る。国は高齢ドライバーにこれだけの投資を義務づけているのだから、それだけの見返り（リターン）があることを確認すべきである。

海外の高齢ドライバー対策に学ぶこと

わが国では高齢ドライバー対策の一環として、高齢者講習と認知機能検査が免許制度に組み込まれた。ドライバーは免許更新時に70歳以上だと高齢者講習を、75歳以上になると認知機能検査も受けなくてはならない。欧米でもドライバーの年齢に応じてそのような免許更新要件を設けている国がある。しかし、わが国と違うのは、その効果を実社会で検証していることである。

たとえば、州ごとに免許更新要件が異なる米国、カナダ、オーストラリアでは、各州の事故率の変化に基づき、要件の違いがもたらす効果を検証している。わが国に置き換えると、免許更新時に高齢者講習を必要とする県と必要としない県があり、講習導入前後の事故率の変化をそれらの県で比較することで、講習の効果を検証している。講習を必要とする県における事故率の変化を、講習を必要としない県のそれと比較するのは、講習以外の要因でも事故率は変化するからである。そこで、講習を必要とする県から必要としない県における事故率の変化を差し引けば、それが講習の効果ということになる。欧米ではこうした観察研究だけでなく、ランダム化比較試験やその結果をまとめた系統的レビューまで行われている。

効果が認められた取り組みのうちわが国で参考になりそうなのは、カナダにおける条件付きの免許更新である。これは高齢ドライバーの健康状態に応じて、たとえば日中の運転や一定の速度以下での運転、高速道路以外での運転のみを認めるもので、そのような制限がある高齢ドライバーのほうが事故率は低かった。一方、わが国でも高齢者講習の一環で行われている実車教習については、欧米でも事故を防ぐ効果は認められていない。逆に、実車教習を免除しても事故は増えなかったという報告はある。

さらに、免許更新要件を厳しくすることで新たな問題が生じうるという気がかりな報告もある。認知機能検査を導入したデンマークでは、検査導入後、高齢ドライバーの事故率に変化はなかったが、高齢歩行者と自転車乗員の死亡率が増加した。そのような増加は他の年齢層ではみられていない。そのことから、高齢者は検査導入を契機に車の運転をやめ、その代わりに屋外で歩行や自転車を利用する機会が増えたため、その際に事故にあう高齢者が増えたと考えられている。欧州では免許更新要件が厳しい国ほど高齢歩行者と自転車乗員の死亡率が高いことから、その可能性は否めない。

このように海外では高齢ドライバー対策の効果検証が実社会で行われている。効果検証は対策に効果がないことを責めるためではなく、効果的な対策を模索するために行うものである。対策を講じて、その効果を検証する――わが国にもこうした建設的な姿勢が求められる。

多様な人が移動しやすい社会へ

わが国で乗用車が大衆化しはじめたのは「マイカー元年」と呼ばれる1966年のことである。その当時、乗用車の世帯普及率は10%を超えたところであった。しかし、その後10年あまりで普及率は50%(1978年)、25年で80%(1991年)を超えた。2010年の全国都市交通特性調査によると、外出時の移動手段に自動車が占める割合は平日で46%、休日で61%に上り、その割合は地方都市だとさらに高い。もはや私たちの生活に車は欠かせない。

車の普及は人とモノの移動を容易にしたが、その一方で生活圏の拡大・郊外化、そして公共交通網の縮小・衰退を招いた。その結果、車がなくては生活しにくい地域が増えてしまった。そのような地域では「買い物難民」に象徴されるように、運転をやめると移動手段を欠き、日常生活が不自由になる。これは運転をやめたいと考えはじめる高齢者にとって厳しい現実である。そればかりか、高齢者を対象にした欧米の研究によれば、運転をやめることで社会的なつながりが失われ、メンタルヘルスの低下や施設入所、死亡のリスクすら高まりかねない。

そのような地域で高齢者が活動的に暮らしていくためには、おもに二つの対策が求められる。一つは、高齢ドライバーが安全に運転を続けられるような支援である。現在、高齢ドライバーには免許更新時に講習が課されているが、講習に事故予防の効果はみられない。それは講習でヒューマンエラーを防ごうとしても限界があることの表れなのかもしれない。そこで私たちに必要なのは、ヒューマンエラーが起きない仕組みである。その究極の仕組みが車の完全な自動運転である。しかし、それでは運転の楽しみが失われ、生活機能の維持にも反するかもしれない。実際にはこうした効用を残しつつ、各自のニーズに応じた運転支援ができるとよい。

もう一つは、移動に徒歩や自転車、公共交通で事足りる地域をつくることである。そのような地域では車を運転しなくても生活ができるので、運転しない人が増えれば交通量が減り、事故も排ガスも減る。また、身体活動が伴う移動は健康によい。このようなコンパクトシティを創出するには、運転をやめることのメリットがデメリットを大きく上回るようでなければならず、公共交通や地域のあり方がその成否を左右する。

これら二つのアプローチはまったく異なるようにみえるが、交通のバリアフリー・ユニバーサルデザイン化という点では一致しており、高齢ドライバーにとどまらず多様な人の移動を容易にする。人びとの移動を支える社会の仕組みはいつの時代も必要であり、時代とともに変化する。そこで大切にしたいのが、私たちはどのような暮らしを望み、それを実現するため、どのような地域社会を創造していくのかという構想である。そのような構想を大事にすれば、車社会のあるべき姿がきっとみえてくるはずである。

13 高齢者や障がい者の生活を変えるパーソナルモビリティ

松本治

パーソナルモビリティのシェアによって提供される公共交通の新しい姿について、つくばで実証実験を進める研究者が論じる。セグウェイや電動車いすのようなパーソナルモビリティを用いて街の移動を設計することができれば、高齢者の移動手段を担保することにもつながるが、技術開発や法整備における課題も多い。

パーソナルモビリティがもたらす変化

ひとり乗りの乗り物といえば、バイク、自転車、車いすを思い浮かべる人が多いだろうが、今、この分野に新たなラインナップが加わりつつある。セグウェイに代表される電動立ち乗り二輪車や、自動運転機能を備えた車いす、またバイクと車を掛け合わせたトヨタ「i-Road」のような近未来的な乗り物がそれだ。私はこうした新たな「パーソナルモビリティ」の開発と、普及のための実証実験にたずさわっている。ロボット・AI技術の進歩と、それに伴う手段の多様化は、「移動」にどのような変革をもたらすのだろうか。

パーソナルモビリティが最も大きな影響を与えるのは、高齢者、また買い物難民など交通弱者の移動だろう。車より小さな車体で、危険を自動的に避けながら歩行者空間でも低速で走るモビリティがあれば、高齢者でも安心して外出ができる。車と違って乗り換えの必要がないことも大きなポイントだ。車いすのような歩行者の邪魔にならない乗り物であれば、家の中から道路への移動、そしてスーパーマーケットやショッピングセンター

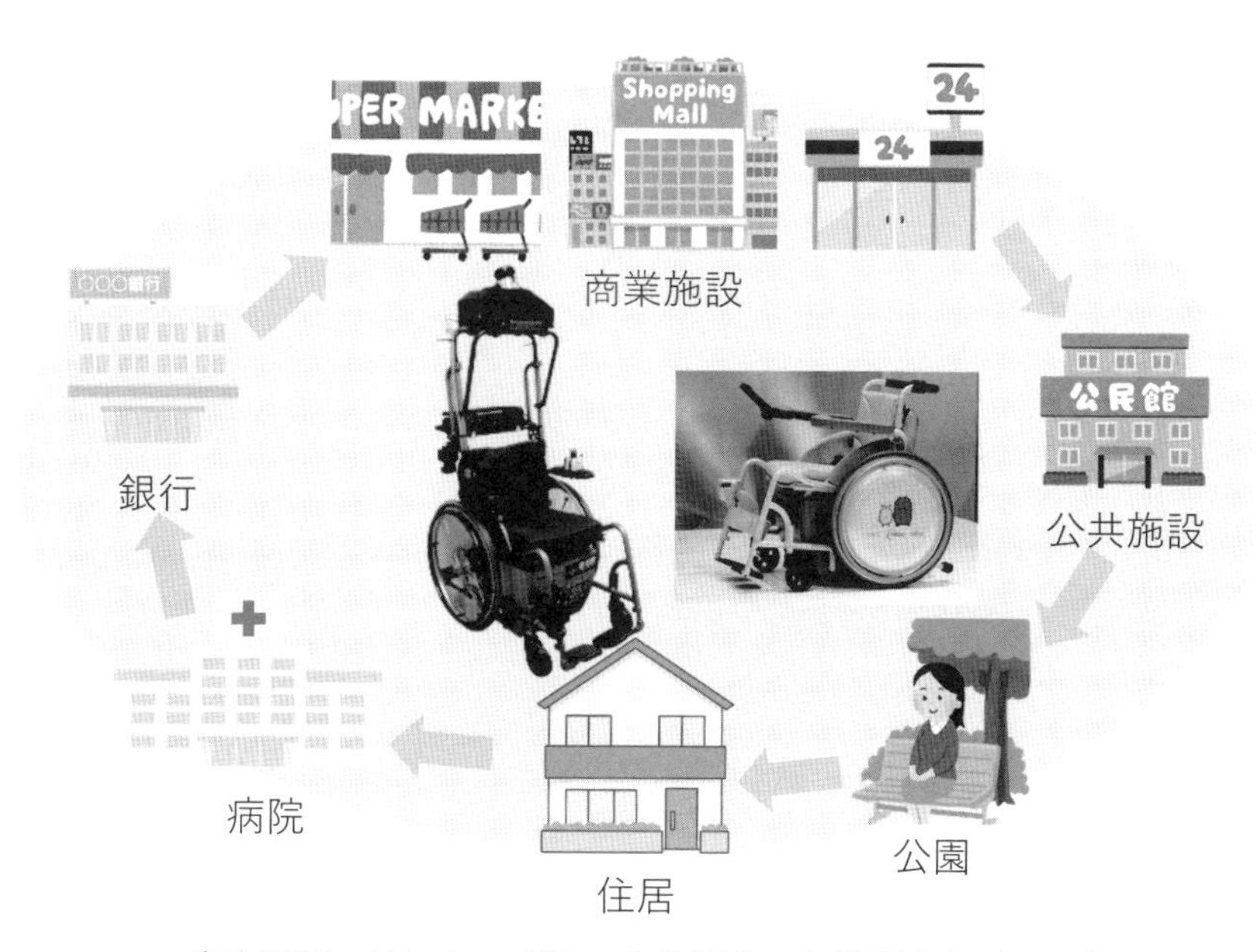

[図1]パーソナルモビリティの活用イメージ

松本治（まつもと・おさむ）
国立研究開発法人産業技術総合研究所企画本部総合企画室総括企画主幹。倒立振子型移動ロボット、電動車いす型パーソナルモビリティ等の車輪型移動システムの動的制御技術、自律移動技術、安全技術などに関する研究開発に従事。経産省、NEDO、AMED等の国家プロジェクトへの参画、つくばモビリティロボット実験特区でのモビリティロボット実証実験の推進など、生活支援ロボットやロボット介護機器などの普及や産業創出のための活動を行う。

での買い物まで、乗ったままでできてしまう。つまり、生活の中に入っていけるモビリティであるということだ。団塊の世代が75歳以上の後期高齢者となる「2025年問題」を控えて、生活に密着した安全・安心なパーソナルモビリティの果たす役割は大きい【図1】。

また、社会全体では低炭素社会の実現が期待される。せいぜい1～2人で乗ることが多いにもかかわらず、4人乗りの自動車を走らせるのは、エネルギー的には非効率だ。小型の乗り物なら、環境に及ぼす影響はずっと小さい。人々が自家用車を手放し、小型モビリティに乗り換えることで従来の化石燃料をエネルギー源とする車がトラックなどの運送車両のみになると低炭素化が一気に進むだろう。これには、遠距離は公共交通機関で、街中はパーソナルモビリティで移動するという、コンパクトシティのような街づくり規模での制度設計が必要だ。

乗り物の「所有」についてはどうだろう。地域内での近距離移動に適したパーソナルモビリティは、自動運転技術を用いた無人配車による「シェア」と親和性が高い。これは広い視点から捉えると、大量生産の社会から、作りすぎない適正生産の社会への変化のきっかけとなるだろう。

このような移動と社会の変化を実現するためのモデルケースとして、つくば市での公道走行実証実験が続いている。私は所属する研究所の研究員らとパーソナルモビリティ自体の知能化に関する研究開発、市販モビリティを用いた社会実装的な取り組みなどを実施する実験参加者である一方で、「つくばモビリティロボット実証実験推進協議会」幹事の立場から、モビリティ分野の専門性を生かして自治体と共に制度設計や法規制に関する行政との交渉にも出向いている。モビリティ分野の関係者だけでなく、インフラや法律、また都市計画、介護といったさまざまな分野の人を巻き込んだ議論のきっかけになることを期待して、つくばでの実証的研究や普及に向けた課題、今後の展望を描いていきたい。

パーソナルモビリティで可能になる新しい交通設計

歩道を走行できる小型モビリティ

小型の乗り物は、車道を走行するものと、歩道を走行するものに大きく分けられる。現在、個人が所有する代表的な小型の乗り物は、自転車、バイクなど、車道の脇を走行するモビリティだ。近年は電動アシスト機能付きの自転車が普及し、坂道での利便性も向上するなど、ユーザーの使いやすさは向上しているが、車道上で自動車と混在しながら走行するのが危険であることは言うまでもない。

では、車道ではなく歩道を走行するモビリティはどうだろうか。現在、歩道上を歩行者との混在環境にて走行可能な動力付き車両は、電動車いすだけである。電動車いすは道路交通法上歩行者と見なされているからだ。基本的には歩行が困難な高齢者や障がい者が使用するものであり、現時点では誰もが自由に使えるものではないが、簡単に操縦可能であり、技術開発や制度改正などによりユーザー層を広げることができれば利便性の高い個人移動手段として有望だと考えている。ロボット・AI技術の進展により、自動走行技術などの実装についても開発が進んでいる分野でもある。

こうした歩道走行型モビリティが車道走行型モビリティと大きく異なる点の一つは、生活空間に溶け込む親和性の高いモビリティであるという点だ。すなわち、小型であることのメリットを生かして、ショッピングセンターや病院のような施設内にも乗ったままシームレスに入ることができる。高齢者の日常生活の足として、また観光客等の街中移動、買い物難民の救済手段としても活用できるだろう。

つくば市での実証実験で利用することになったのは、この歩道走行型のモビリティだ。2011年4月に「つくばモビリティロボット実証実験推進協議会」が組織され、6月から公道走行実証実験を開始している。そこで対象としているモビリティは、「ロボット技術を活用した新しいモビリティ（人が搭乗して移動するための機器）」であり、走行するのは歩道上だ。

歩道走行型のモビリティに対象が絞られた理由の一つは、つくばという街が、歩道型のモビリティに適していたからだ。つくば市は計画的に作られた街であり、歩道が広く、街の中心は遊歩道も整備されている。

もう一つは、上述したモビリティの特性を生かし、「ユニバーサル移動環境」を作る目標があったためだ。2040年には、つくば市の老年人口は市内の総人口のおよそ30%を占めると予測されている。これと同じ、あるいはそれ以上の状況は日本各地で確実に起こりつつある。わずか20年先の未来において、街の人々が不自由なく暮らすことのできる移動環境を作っていくことも、本実証実験の目標の一つである。

街の交通と連携するパーソナルモビリティ

パーソナルモビリティを導入することで、街全体の移動環境はどのように変わりうるだろうか。

歩行者との共存環境を走行するパーソナルモビリティは、速度の上限を低く設定する必要がある（電動車いすは我が国では道交法上、時速6キロメートルが上限である。欧米では上限が時速10キロメートル以上である所が多く、時速12キロメートル程度だ）。そのため、パーソナルモビリティの利用は、①自宅周辺での買い物等での活用、②中心市街地での各施設巡回利用となり、①は個人所有によるパーソナルユース、②はサービス事業者によるシェアリングユースが想定される。

つまり、広域にわたるより快適な交通環境を考えるためには、他の交通手段と連携することが必要となる。連携可能な公共交通手段や、街のモビリティ設計について、つくば市を例に取って考えてみよう。

つくば市は市内唯一の鉄道であるつくばエクスプレスのつくば駅と研究学園駅周辺にショッピングセンターや市役所、銀行、郵便局などが密集しており、駅からの近距離移動で、生活する上でのいろんな用事が片付く。しかし、市内は284平方キロメートルと広大であり、山手線内側の面積の約4・5倍ある。つまり、駅周辺の居住者以外は何らかの手段で中心まで来なくてはならず、現在はそれが自家用車か路線バスである。

事業者の採算性の問題により、路線バスの本数は必ずしも十分とは言えず、長い待ち時間や遅延の発生など利便性の問題から乗車率の低下を招いている。よく見られるのは、通勤通学時間帯以外の利用者が極端に少ないという現象である。大都市圏のように鉄道網が細目に敷設されている訳ではないことも併せて、これは地方都市や過疎地域が共通に抱える問題だ。

一方で、この問題を解決するための取り組みとして、「つくタク」というデマンド型タクシーのサービスが始まっている。市内に乗降場所を多数設置し、自宅を乗降場所として登録することも可能である。自宅近傍以外にも市内中心部に設定されている10カ所ほどの共通ポイントまで格安で行けるため、つくば市中心から離れた地域に居住する高齢者の利用が多い。ただ、事業性という意味では、現在はつくば市からの補助金により成立しているサービスであり、民間の事業者単独の取り組みでは採算が取れず、ある意味行政サービスの枠から出ることは困難である【1】。

パーソナルモビリティを使って、これらの地域交通とどのように連携することが可能だろうか。例えばこのような設計はどうだろう。

「つくタク」の各共通ポイントにパーソナルモビリティ充電ステーションを設置し、近傍のバス停乗降時刻やデマンド型タクシー予約と連動した形で希望のパーソナルモビリティを予約できるようにする。充電ステーションには座り乗り型、立ち乗り型など、各種パーソナルモビリティが配備されており、ユーザーの希望により選択可能だ。将来的にはすべてのパーソナルモビリティに自動走行機能が搭載され、無人での配車を可能とする。そうすることで無人運用が可能となり採算性の向上から、民間事業者の参入障壁を下げられる。こうして地域交通が相互につながり利用率が上昇すれば、バスの運行本数の増加によってさらなる利用者数の増加も見込める。すぐに実現できる訳ではないが、このような形で移動の利便性が向上すると高齢者の運転免許証返納のモチベーションも上がり、交通事故の低減や街の低炭素化に貢献するだろう。

【1】 他にも、つくば市には敷設されていないが、定時性の公共交通手段として、LRT（Light Rail Transit）、いわゆる路面電車がある。コンパクトシティを掲げる富山市では住民の足として浸透しているが、鉄道ほどではないにしても、LRT用の軌道の敷設にはそれなりの予算が必要である。

パーソナルモビリティ社会実装ロードマップ

パーソナルモビリティはどうすれば普及できるのか

パーソナルモビリティにはロボット・AI技術が搭載されるがゆえに、電動車いすなどと比較すると高価にならざるを得ない。例えば、セグウェイを現在日本で購入すると諸経費込みで約100万円かかる。産業技術総合研究所（以下、産総研）で開発している自律走行車いすも、約50万円の外界センサを2台取り付けており、製作するだけで1台約150万円かかる。今後、車道を走る自動運転車の普及により、それに搭載されるセンサの低コスト化が進むことは期待できるが、それにも限界がある。

こうした高価なパーソナルモビリティを普及させるには、個人が保有する形態以外の利用方法も考えることが必要である。例えば、セグウェイの活用は世界的に見ても個人移動手段としてではなく、警備と観光用途にほぼ限定されている。つまり法人が購入し、従業員やお客さんが利用する。公道走行が許可されていない日本だけでなく、公道走行が多くの地域で認められている米国や欧州においても、個人所有している例は少ないようである。純粋に移動手段としての利便性、安全性、コストなどを考えると、他の移動手段との比較において優位性を訴求できていないのであろう。

つまり、パーソナルモビリティの普及を考える際には、一足飛びに個人所有を目指すのではなく、少し時間をかけて段階的な普及を考えるべきである。現在のように法人が所有し、対象者を限定して活用している警備・観光用途と、個人所有のパーソナルユースをつなぐ形態は一体何だろうか。考えられるのがモビリティシェアという解決策である。

パーソナルモビリティシェアリング

パーソナルモビリティシェアリングが、自転車シェアリングと異なる点は何だろうか。自転車シェアリングは、まず自転車自体が安価であるため運用台数が多い。さらに、雨に強いため各ステーションが簡便なもので良く、充電の必要もない。一方で、パーソナルモビリティは1台当たりのコストが高く、数多く準備することができない。少台数で運用するためには、ステーションに行って使えなかったということを極力避けるため、予約システムの導入が必要となる。それもコスト的な問題から無人で運用可能としたい。また電動のため、充電設備が装備され、風雨をしのげるステーションが必要となる。充電ステーションに関してはアクセスのしやすさと盗難への

[図2・3]セグウェイが1台ずつ収納できる充電機能付き収納ボックス
／編集部撮影

配慮を両立させなければならない［図2・3］。

つくば市のシェアリング実証実験

これらの問題を解決するための実証的研究として、つくば市内においてパーソナルモビリティシェアリングシステムを構築し、２０１３年から継続的に公道走行実証実験を行っている。

つくば市内の４カ所（つくばエクスプレスつくば駅、研究学園駅、産総研、つくば市役所）に充電ステーションを設置し［図4］、計４台のセグウェイをシェアリング運用した［2］。

セグウェイ乗車に関する講習を受け、運営サイドによりユーザーとして登録されると、指定のウェブサイトから使用したい日時、使用区間が予約でき、その際にＰＩＮコードとＱＲコードが発行される。ユーザーは予約開始時刻に貸出ステーションに行き、コードの情報を使って認証後、貸出可能なセグウェイの収納扉のロックが自動的に解除されることにより、取り出して使用することができる。利用して返却ステーションに近づくと返却すべき収納扉のロックが自動的に解除され、そこに返却するという手順だ。こうして、極力無人で運用可能な体制を整

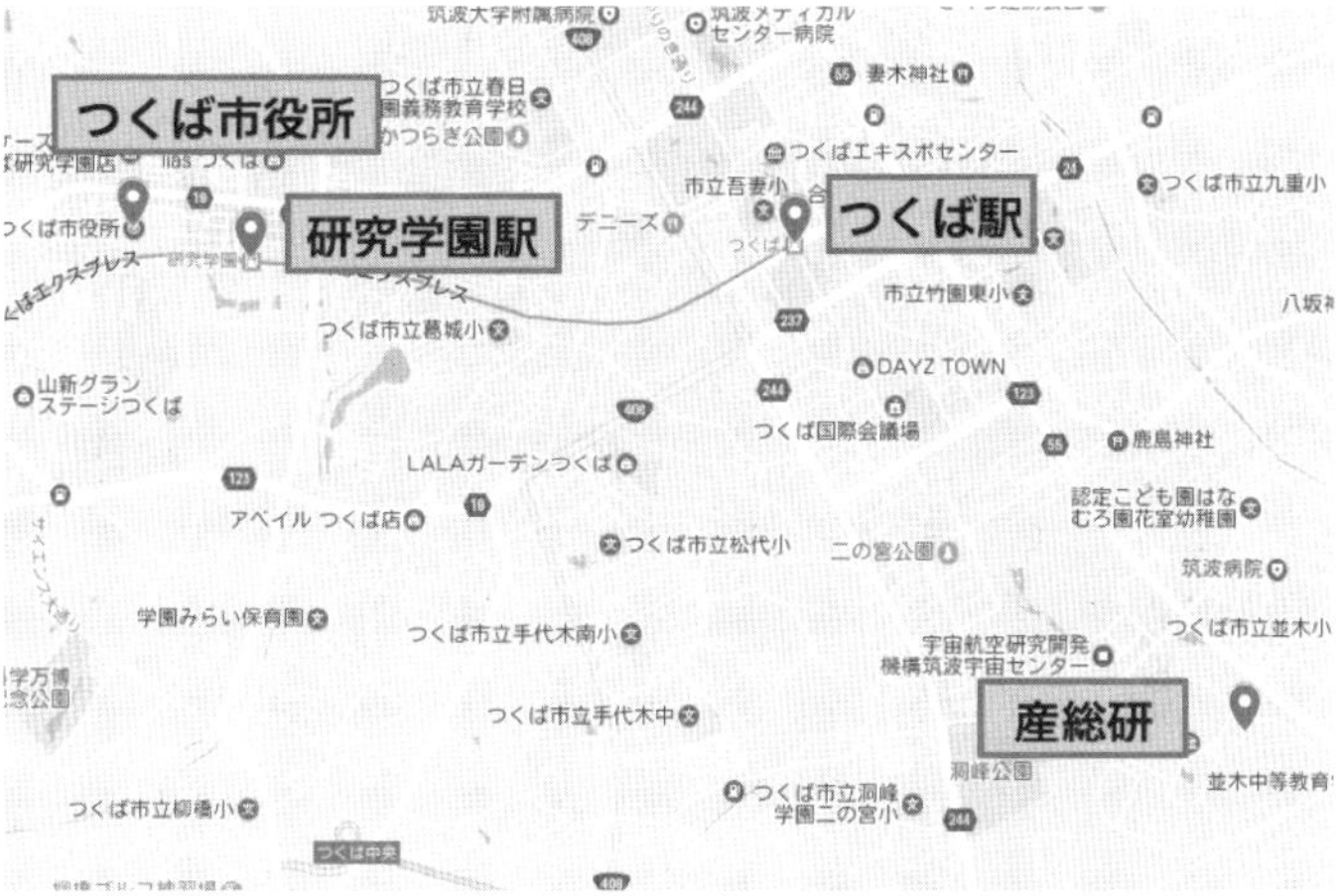

[図4]パーソナルモビリティのステーション(2018年3月時点)
／Google Mapより著者作成

［2］２０１８年4月からはつくば市役所のステーションのみでの運用に縮小した。

えた。多いときは産総研職員とつくば市役所職員の計約60名の登録者にて利用したが、現在ではステーションの縮小に伴い、つくば市役所職員のみで運用している。

約3年間の実証実験の結果、いくつかの課題が浮かび上がってきた。

① シェアの課題
② 技術開発の課題
③ 自動運転の課題
④ 法規制・安全基準の未整備と追加緩和措置の必要性

である。それぞれについて考えてみよう。

実証実験から見えてきた課題

シェアの課題

自転車と異なり1台当たりのコストが大きいパーソナルモビリティは、少ない台数で効率よくシェアする必要がある。

例えば、セグウェイを利用して、15時につくば駅から産総研まで移動するという予約をオンライン上で成立させたとしよう。しかしこの予約の通りにそのセグウェイを利用するためには、前の時間帯のユーザーも予約の通りに、セグウェイを使ってつくば駅まで移動してくれないといけない【図5】。このことからわかるように、あるユーザーのキャンセルにより、ほかのユーザーが使用不可となるという問題が生じてしまう。

既存の自転車シェアリングも抱えている課題だが、充電ステーション間での貸出・返却頻度の差や利用区間の偏りによって、ステーションにモビリティが溜まったり、あるいは不足したりという不均衡が生じることがある。現状では、トラックなどを利用して人手でモビリティを移動したり、課金方法に差を付けることで、うまくユーザーの利用区間や方向を誘導したりする対策がある。また、街における1日の人の流れを詳細に解析し、人流シミュレータを活用してステーション配置や台数の最適化を図る方法や、将来的には自動運転技術による無人配車といった解決策も期待される。

[図5]つくば駅出口に設置した充電ステーション(4台)
／著者提供

技術開発の課題

パーソナルモビリティは外国製を含めて多様な形態のものが開発されているが、大きく立ち乗り型と座り乗り型に分かれる。立ち乗り型はセグウェイのように平行二輪で、計算機制御によって前後方向の安定性を確保するタイプである。まだ市場には出ていないが、トヨタ自動車のウィングレットも同タイプであり、小型で横幅が人の肩幅以下であるため人混在環境での使用に関して親和性が良い。立ち乗り型モビリティについては、近年中国製も市場に出ており、サイズ・重量やデザイン、操縦インターフェースなどについては差別化が進んでいるものの、既に基本走行制御については開発が終了しており、後は公道走行のための法規制緩和や環境整備が進むことで、十分に普及が期待できる。

一方、座り乗り型の開発にはまだ課題が残っている。座り乗り型の開発スタンスは二通り存在する。一つは、既存の電動車いすの形態にロボット的な機能を付加したボトムアップの開発方法であり、もう一つは、安定化制御や自律走行制御などのロボット技術をコアとして、新しい形態のモビリティを開拓するトップダウンの開発方法だ。前者の開発スタンスでは既存の電動車いすの規格の中、もしくは多少のアレンジの中で収まるように開発が進み、自動走行技術などの先端技術をその枠の中でどう実装するか、またどう低コスト化を図るか、という視点での開発になる。一方、後者の開発スタンスでは、新たなモビリティの法制度上のカテゴリーを策定することも同時に考えねばならない。

いずれの開発方法においても、道路交通法上の規定（電動車いすは高さ120センチメートル以下という制約があり、屋根付きのモビリティは規定外となる）や、現在の電動車いすの価格帯である30～40万円程度に収めることの難しさといった課題が残っている。

安全基準の課題

パーソナルモビリティを市場に出すうえで、メーカーが一番神経質になるのはその安全性である。とくに大企業は、ニッチ市場であるパーソナルモビリティが事故を起こすと別の本体事業にも悪影響を及ぼすため、リスク―ベネフィットの関係から実用化に二の足を踏みがちだ。その問題を解決するためには、一定の安全性を満たしていることを第三者機関が保証するような仕組みが必要となる。

車道走行型モビリティであれば、国土交通省が定める「道路運送車両法」に該当するカテゴリーの保安基準に当てはめて考えれば良いが、パーソナルモビリティを歩道走行型モビリティとして捉えると、これを当てはめるのは困難だ[3]。

パーソナルモビリティの中でも電動車いす型に関しては、現在の電動車いすに係る法制度下における型式認定制度を活用することができる。しかし、電動車いすの枠組みから大きく外れたロボット的な乗り物（セグウェイなど）については保安基準に相当するものはなかった。そのような課題を解決するため、２００９年から5年間にわたって実施されたＮＥＤＯ生活支援ロボット実用化プロジェクトでの成果を生かす形で、パーソナルモビリティを含む生活支援ロボットの国際安全規格ＩＳＯ１３４８２（Robots and robotic devices — Safety requirements for personal care robots）が２０１４年2月1日に発行された。

この中でパーソナルモビリティは"person carrier robot"として位置付けられており、安全要求事項や保護方策、それらの検証方法や妥当性確認方法などが規定されている。ただし、生活空間での用途を想定しているため、対象は時速20キロメートル以下のモビリティに限定されて

[3] つくばで実施している「搭乗型移動支援ロボットの公道実証実験」では、歩道走行ではあるものの現行法に合わせるため、原動機付自転車や小型特殊自動車の保安基準を緩和して適用している。

いる（セグウェイの最高時速が20キロメートルだ）。さらに、その国際規格のJIS版であるJIS B8445「ロボット及びロボティックデバイス―生活支援ロボットの安全要求事項」や、セグウェイのような倒立振子制御型モビリティのみを対象としたJIS B8446-3「生活支援ロボットの安全要求事項―第3部：倒立振子制御式搭乗型ロボット」も2016年4月に発行され、徐々に安全規格の策定が進みつつある。

公道使用上の法規制の課題

普及している電動アシスト自転車は自転車の一種なので軽車両であり、基本的には車道走行である。一方、電動車いすは歩行者扱いのため、歩行者が歩行可能な所はどこでも走行することができる。ただし、道路交通法施行規則では、サイズ、速度などが規定されており、それがモビリティ開発の多様性やユーザーの利便性の足かせになっている。

サイズについては、全長120センチメートル以下、全幅70センチメートル以下、全高120センチメートル以下と規定されており、幅70センチメートルというのは歩行者空間での走行を考えると、歩行者の邪魔にならないサイズという観点である程度仕方ないものの、全高120センチメートルについては前述のように屋根の問題や乗り物としての居住性の問題から、もう少し緩和されても良いように感じる。ちなみに、つくばで実施している「搭乗型移動支援ロボットの公道実証実験」においては、特例として高さ制限は撤廃されている。

速度は時速6キロメートル以下と定められており、時速10キロメートルを超える国が多い欧米と比較すると少し遅い。時速6キロメートルは平均的な歩行速度よりも少し速い程度なので、歩行者空間での安全性についてはこの程度が良いのかも知れないが、横断歩道横断時には注意が必要だ。横断中に赤信号に切り替わる場合など、人だと走るケースでも歩行スピードのまま横断を続けなければならないため、ユーザーの不安感につながる。

現在の法制度についての議論はあくまでも電動車いすの発展形としてのパーソナルモビリティを想定した場合であり、それを大きくはみ出るものについては、新たなカテゴリー創設や公道（歩道）走行時の新たな取り決めが不可欠である。

普及に向けて解決すべきこと

認定制度

今後、パーソナルモビリティが普及段階に入ると、公道走行に充分な安全性を備えているかどうかを認定する制度が必要になる。果たして機器側の安全面での問題はないのだろうか。例として立ち乗り型パーソナルモビリティを挙げると、代表的な事例であるセグウェイとウィングレットについては、コンピュータ、センサを複数備えており、どれか一つのデバイスが故障しても、他のデバイスがリカバーできるような仕組みになっている。断線などの不具合についても同様である。立ち乗り型は制御でバランスを取っているため、制御系が破綻すると直接転倒に結び付く。そのため、故障に関しては神経質にならざるを得ない。生活支援ロボットの国際安全規格ＩＳＯ１３４８２の認証を受けている製品は、機器構成や故障発生率に関する確認が行われているため安心できるが、このような対策がなされていない立ち乗り型モビリティは心配である。

電動車いすの場合は、公益財団法人日本交通管理技術協会において、自動車と同様の型式認定を行っている。つまりメーカーが製造する個々の機器をすべて公的機関が確認するのではなく、同じものを多数製造する場合は、仕様、外観図、取扱説明書などの書類と共に、抽出した一部の機器について現車確認する方式だ。ただし、自動車の車検制度のようなユーザーが定期的に受ける公的機関による検査制度は存在しない。つまり、購入後の点検は法律で義務付けられてはいない。

つくばでの公道走行実証実験の場合、各実験参加者が機器の仕様などの書類を提出し、関東運輸局立ち会いの下、実機の制動性能、最高速度などの安全面の確認をする。一旦承認されたら2年ごとに延長申請書類を関東運輸局に提出することで、2回目以降の実機検査は省略されて継続される。パーソナルモビリティが実用化段階になれば、自動車よりは簡素化された形になると思われるが、型式認定や車検に類する制度設計について議論が進むことだろう。

免許・講習制度(ユーザー側の安全教育)

一方、ユーザー教育に関する法制度はどうだろうか。つまり運転免許制度のように、教育を受けてある一定レベルのスキルを有する者だけが使う制度である。これも電動車いすを例に取って考えてみると、電動車いすは免許がなくても使うことができる。電動車いすメーカーが会員企業となって組織する電動車いす安全普及協会は、随時自治体等が開催する電動車いすの安全講習会において安全使用に関する普及活動を行っており、加えてメーカー独自の講習会などもあるが、法律的には免許がなくても使うことができる。

つくばの公道走行実証実験では、パーソナルモビリティを原動機付自転車や小型特殊自動車のどちらかに位置付けているため、これらの免許を持っていない人は公道走行実験に参加できない。現実的には普通自動車運転免許を持っていればこれらはカバーされるため、通常はそれを確認する。

しかし、これは実証実験における暫定的な措置であり、もしこれが将来的にも適用されるとなると、運転免許を返納した高齢者はパーソナルモビリティを使えないということになり、普及の妨げになることは間違いない。

しかし一方で、ユーザー教育が何もなくて良いかというとそうではない。パーソナルモビリティはロボット技術の適用により、電動車いすよりも安全な乗り物であることに期待したいが、もし完全自動運転が導入されたとしても、ユーザーの判断や操縦に最終的に任せる使い方が完全になくなるとは思えない。機器の習熟や操縦スキルの習得はもちろんのこと、リテラシーも含めた歩行者共存環境にて使用されるパーソナルモビリティ全般の注意事項について指導するための講習制度は必要だろう。パーソナルモビリティの場合、メーカーごとにさまざまなタイプの機器が開発されることが予想されるため、機器ごとの講習に加えて、パーソナルモビリティの使用に関する共通的な事項については、公的機関で実施するほうが良いだろう。また、これを法的な強制力のある免許制にするかどうかについては関係者でも意見が分かれる所だが、現在の自動車の運転免許制度のように費用や取得までの時間がかかるものでなくても、座学と実機講習がセットになった1～2日程度の簡便なものは最低限必要である。

経済的支援制度（介護保険を例に）

次に普及に向けた財政的支援制度について考えてみたい。パーソナルモビリティの価格は果たしてどの程度になるのか。

機器が多種多様であるため予想はつかないが、下は数万円から、上は１００万円あたりまでであろう。例えば電動車いすは40万円程度、セグウェイは日本で購入すると１００万円弱程度である。近年、歩行に不安のある高齢者が使用するシルバーカーや歩行車を電動化し、上り坂ではアシスト機能、下り坂では制動機能が付加されたものが商品化されている。買い物かごに重い荷物を載せて歩行する時など、便利で安全な機能である。この事例も路面の傾斜や人が押す力などをセンサで検知し、それに基づいてモータを制御するため、ロボット技術が導入された例であると言える。現在は4社が商品化しているが、今後も商品化事例が増えることが予想される。

歩行車は体重をあずけて使用する福祉用具であるため、介護保険給付対象となっており、要介護度を満たす高齢者等の場合、福祉用具のレンタル事業者から借りる際に料金が10分の１になる。例えば、月々1万円のレンタル料が設定されている機器の場合、毎月１０００円の支払いで済む。この価格差はレンタルする意欲に大きく影響し、毎月1万円であれば躊躇するところが、毎月１０００円程度の支払いであれば気軽に使うだろう。

２０１６年4月に厚労省老健局の「介護保険の給付対象となる福祉用具及び住宅改修の取扱いについて」が改正され、アシスト機能付きの歩行車も介護保険給付対象となった。関係者からは、介護保険認定を受けて販売促進に大きな効果があったと聞いている。このように、商品化事例がいくつか出てくると、その普及を支援するために公的な助成制度も改正されることがあり、特に市場が発展途上の段階では、このような公の財政的支援にも期待したい。

以上のように、パーソナルモビリティの普及には、取り巻く法制度や財政的支援制度といった議論も進めておくことが必要である。メーカー側からすると「環境が整わない限り市場が見込めないため市場投入に本腰が入れられない」、環境を整備する側からすると「市場開拓や産業創出が見込めそうな機器がないと整備する意味がない」という悪循環に陥ってしまうことは避けたい。

結論

本章では個人移動手段、つまり人々の足代わりとなるパーソナルモビリティの開発状況やシェアリングなどの公道走行実証実験、それを取り巻く法制度など、実例を交えながら論じた。高齢者等を対象とする電動車いす型パーソナルモビリティにとっての自動運転技術は、個人所有を前提とする場合には利便性のみならず安全面での貢献度も高く、操縦ミスによる事故低減に寄与するであろう。また、シェアリング運用を想定し、自動運転技術による無人配車が可能となると、現在の自転車シェアリングが抱えるステーションにおける滞留などの問題が解決され、運用コスト低減などに大きく貢献するであろう。

一方で、セグウェイのような立ち乗り型の場合は現段階においても公道走行が認められておらず、まずは道路交通法や道路運送車両法の中において、乗り物としての位置付けを明確にするところから始めなければならない。そして、ユーザーが機器と一体となって操縦する立ち乗り型パーソナルモビリティにとっての自動運転技術は、人の操縦支援ではなくシェアリング運用時の無人配車に限定されるのではないか。

どういう形態であれ、歩行支援機器としてのパーソナルモビリティは、本格化している高齢社会においてその役割は今後ますます大きくなることが予想される。本章で指摘したさまざまな課題がステークホルダーによって早期に解決され、パーソナルモビリティが人々の生活の中に浸透することで、移動の不安のない社会が実現することを期待したい。

14 ＩＣＴで運輸の人手不足を解消する

小島薫

運輸業界の人手不足が問題になって久しいが、ＩＣＴを用いたその解決の取り組みの例は少ない。一般社団法人運輸デジタルビジネス協議会の代表理事が、現在の運輸業界が抱える課題と、それを解決するための業種を超えた取り組みを紹介する。現場の課題に対し、自動運転やＩｏＴはどのように貢献できるのだろうか。

はじめに

運輸デジタルビジネス協議会【1】は、課題を持った運輸事業会社と、さまざまな解決策や技術を持ったＩＣＴ企業とのオープンイノベーションによる課題解決の取り組みを実現するためのハブとして、中立な立場で活動している。今回、協議会事務局として執筆させていただいたのは、運輸業界が抱える問題や、それに取り組む本協議会を広く社会に知ってもらいたいとの思いからだ。協議会に参加している運輸事業者やＩＣＴ企業だけでは解決が難しい課題を、運輸事業者を活用している顧客企業、そしてその先の消費者を含む社会との連携で解決したい。

【1】一般社団法人 運輸デジタルビジネス協議会（ＴＤＢＣ）は、「運輸業界とＩＣＴなど多様な業種のサポート企業が連携し、デジタルテクノロジーを利用することで運輸業界を安心・安全・エコロジーな社会基盤に変革し、業界・社会に貢献することを目的」として２０１６年８月９日に設立、２０１８年６月８日に一般社団法人化。会員数は２０１８年10月31日時点で91社（業界団体含む）となっている。運輸デジタルビジネス協議会ホームページ https://unyu.co/

運輸業界の現状と課題

運輸業界を取り巻く環境や状況は、２０１５年に協議会設立の準備を始めたころより一層厳しくなってきている。最近では、宅配便の再配達問題や総量規制、人材不足など社会問題として毎日のようにメディアに取り上げられている。しかし、次に述べる課題は運転支援システムを含む「自動運転」が解決策につながる可能性がある。

人材不足

運輸業界だけでなく社会を巻き込んで大きな問題になっているのがドライバー、乗務員等の人材不足と高齢化だ。日本の場合は、少子高齢化が叫ばれて久しいが、運輸業界はその影響が顕著だ。その大きな理由の一つに長時間、低賃金の労働環境が挙げられる。２０１８年（平成30年）６月、国土交通省は運輸業界を取り巻く状況を次のように述べている【2】。

- バス、トラック等の自動車運転者の就業構造は、総じて中高年層の男性に依存した状態であり、女性は少ない。また、全産業平均と比べ、労働時間は長く、年間所得額は低くなっている。
- また、自動車運転者を中心に、交通事業における労働力不足が顕在化している。

（平成29年度版交通政策白書より）

【2】平成30年版交通政策白書について（国土交通省ＨＰより）

現在、国は運輸業界のドライバーの労働環境改善に乗り出しており、時間外労働について定めた三六協定では、それが適用されない事業・業務として「自動車の運転の業務」が入っていたが、今後これは見直される予定だ。

特有の労働環境

長距離（幹線）輸送の場合、日帰りができずに、届け先付近で1泊し、翌日戻ってくるケースは珍しくない。定期便の場合にはそれでも規則的な生活が可能だが、荷主が毎回変わるような貸し切り輸送の場合には、行き先も時間も変わってしまい、厳しい労働環境となりやすい。これはトラックだけでなく、観光バスなどのような貸し切りの長距離バスも同様だ。

さらに特殊な状況として荷待ち時間がある。例えば、荷主側での積み込みの順番待ちや、届け先での荷降ろしの順番待ちの時間だ。以前はこの時間が休憩時間として扱われていた。しかし乗務員

自動車運送事業（運転者）の就業構造

	バス	タクシー	トラック	全産業平均
運転者・整備要員数	13万人（2015年度）	34万人（2015年度）	83万人（2017年）	―
女性比率	1.7%（2016年度）	2.7%（2016年度）	2.4%（2017年）	43.8%（2016年）
平均年齢	49.8歳（2017年）	59.3歳（2017年）	47.8歳（2017年）	42.5歳（2017年）
労働時間	210時間（2017年）	189時間（2017年）	217時間（2017年）	178時間（2017年）
年間所得額	457万円（2017年）	332万円（2017年）	454万円（2017年）	491万円（2017年）

国土交通省発表「平成30年版交通政策白書について」から編集部作成

小島薫（こじま・かおる）
一般社団法人 運輸デジタルビジネス協議会 代表理事。ICT企業であるウイングアーク1ｓｔ株式会社に所属し、当初から事務局として協議会の立ち上げに携わる。協議会設立時は事務局長、一般社団法人化で代表理事に就任。

の側にしてみれば、自由にそこから離れることはできず、その間拘束されているため、休憩時間とは言いがたい。

２０１４年４月24日には、この荷待ち（待機）時間に対し、残業代としてドライバー４人に2年分の残業代約４３００万円の支払いを命じる判決【3】が出ており、現在は労働時間として取り扱われるようになっている。それまでは、この費用を運輸事業会社が荷主企業に対して請求できていなかったため、運輸事業者の経営を圧迫し、ドライバーの低賃金化につながっていた。２０１７年11月４日からは「運賃」は「運送の対価」とし、発地および着地での荷積み、荷降ろしは、「積込及取卸料」、発地および着地での荷待ちへの対価を「待機時間料」として明確化する、改正された「標準貨物自動車運送約款」と「トラック運送業における書面化推進ガイドライン」が施行され、今後は改善が見込まれる。

健康への影響

長時間で不規則な労働環境は、乗務員の健康への影響も大きい。例えば、タクシーやバス、大型車両の乗務員は、お客様に迷惑をかけたくない、あるいは大型車が停められる駐車場を見つけるのが難しいなどの理由から、トイレに行く回数を極力減らすため、水分の摂取を我慢する人も多い。

また、仮に喉の渇きを感じても、バスやタクシーなどの場合には、乗客から見えるところでの水分補給自体が難しいという状況もある。その結果、脱水や熱中症を起こし、事故につながる可能性がある。

【3】田口運送残業代請求訴訟

また、勤務が不規則になりやすいために、食事も不規則で、食べることができる時に一気にドカ食いしてしまうという人も少なくない。これが、眠気の発生の原因となる可能性もある。このような問題は、運輸事業会社の努力だけでは解決が難しく、乗客などの社会の理解や協力が不可欠だ。

宅配便の増加と再配達問題

宅配事業者における宅配便の取扱数量の増加の影響も大きな課題だ。国内の貨物輸送量全体で見ると1997年以降減少傾向にあるが、Amazonに代表されるようなインターネット通販(電子商取引・EC)の普及により、宅配便の取扱数量はこの5年間で1・8倍に増えた。

従来の店舗での販売の場合には、まとめて店舗に配送できたが、インターネット通販の場合には個人宅への、最少1個単位での配送となる。また、郵便物と異なり、基本は受領印を必要とする対面での受け渡しとなるため再配達も多い。国土交通省の調査(2014年12月の約41 4万個を対象に調査)では、約2割が再配達(距離では約25%)となっている【4】。

宅配便の小口化も増加の一因だ。これまで一般的な通販では、注文ごとに送料がかかるのが常で、サービスによっては一定金額以上にまとめて購入すると送料が無料になるなど、消費者にまとめ買いを促す仕組みがあった。それが、大手のインターネット通販の場合、会員になると送料が無料となるサービスがあり、消費者がまとめて購入するモチベーションが起きにくくなっている。

また、消費者が一括して注文した場合でも、注文した先の会社が異なる場合や、保管してい

【4】ある事業者からは再配達は2割ではなく、4割程度との話もでている。というのも、国土交通省の調査が12月で、年末年始の休みで家にいる人が多かった可能性があるためだ。

る倉庫が異なる場合には、やはりばらばらに配達される。まとめて配達とのオプションが用意されているものの、あえて指定しない場合は通常の個別配達となる。

こういった小口での通販サービスを実現するために、裏側では運賃の大幅ディスカウントが行われている。個数が増えると、配達の工数が増え、どれだけ配達しても儲からない構造となる。これが結果的には長時間、低賃金という労働環境の一つの要因となっている。

消費者側からすれば、送料が無料で再配達も無料であるため、無償サービスのように感じられるのかもしれない。消費者側が宅配便の受け取りに対して配慮がなくなっている状況も再配達の背景にあるように思える。

これに対し、２０１６年再配達問題が社会問題化したことを受けて消費者の考え方も少しずつ変わってきたようだ。宅配のドライバーに対する感謝の言葉や、宅配ボックスの設置など消費者側の意識が高まってきており、平成29年10月期の宅配便再配達実態調査（同「平成30年度版交通政策白書について」）においても「再配達あり」は、15・5％と改善されているようだ。

交通事故

運輸業界で使われる車両はバス、トラック、ダンプなど大型車両が多い。また、タクシー、バスにおいては乗客を乗せており、特に大型バスにおいては、補助席まで含めると50人以上を乗せることができる。そのため一度事故が発生すると、一般の乗用車と比較してその被害は甚大になる。

各事業会社には国家資格を持つ運行管理者が選任されており、安全輸送の責任者として「貨物自動車運送事業法」などの法令に基づき、事業用自動車の運行の安全の確保に関する業務を行っているが、それでも事故は発生している。例えば、２０１６年1月15日に発生した「軽井沢スキーバス転落事故」は、乗員、乗客41人中15人が死亡という非常に痛ましい事故であった。また、２０１６年12月3日に発生した「福岡の病院へのタクシー暴走事故」では、一般の人を巻き込み10人が死傷する大事故になった。この原稿を書いている最中にも神奈川県横浜市で路線バスが赤信号で止まった車に追突して乗客の男子高校生が死亡するなど7人が死傷した事故も発生している。

事故を無くすことは、運輸事業会社やそこで働く人たちにとっても絶対に実現しなければならない重要な課題だ。

1社ではできない課題解決

中小企業の多い運輸業界において、法令や環境、市場への対応や業務の課題に対しそれぞれの会社が投資して対応するには限界がある。多くの中小、零細企業は、投資ができずに事業の継続が難しい状況になっている。

運輸デジタルビジネス協議会は、発起人である梅村明正氏（株式会社フジタクシーグループ代表取締役会長・当時）の、「1社ですべてを解決するのではなく、みんなで一緒に考え、みんなで解決策を創れたら、みんなが安くて良い解決策を享受できるのではないか」との思いに、多くの賛同を得て発足した。

これまで1社の課題を1社の企業が受託してシステムや仕組みを作るという方法が一般的

だったが、本協議会ではさまざまな技術やソリューションを持つ複数の企業で協議し、それぞれの強みを組み合わせて課題解決を図っている。また従来は業界単位での取り組みが中心だったが、人（乗務員）と車が経営の中心となる事業会社として、タクシー、トラック、ダンプ、バスといった類似の業界に範囲を広げた。運輸事業者を支援する企業としては、ＩＣＴだけでなく、医薬、スポーツ、コンサルティング、特許事務所など、課題に関係するさまざまな企業に参加してもらうというｎ対ｎでの課題解決、ソリューション開発の取り組みとなっている。

今では、このような課題解決の方法は「オープンイノベーション」として一般的になってきたが、その当時としては、新しい取り組みだった。

課題解決に向けた実証実験での検証

運輸事業者の課題に対し、解決の可能性があるものについては、積極的に実証実験を行って検証している。一般の業務システムの場合は、事業者の課題に対しＩＣＴ企業が提案し、事業者の投資対効果の判断のもとで、システム構築を行い業務に適用していた。

しかし、事業課題の場合には単なるシステム化では解決しない課題も多い。その技術やソリューションで実現可能か、あるいは複数の技術の連携が可能か、期待した効果を得られるのか、どのように日々業務の中で運用するかについて、机上で考えるだけでは想定や判断が難しい。そこで、まずは実証実験として実際にやってみて判断することにした。

運輸事業会社は実証実験の環境を提供し、ＩＣＴ企業は自社のソリューションを実証実験のために提供することで、お互いに負担しあって各種実証実験を実施している。例えば、協議会の正式な設立前ではあるが、ダンプの事業会社での健康と安全についての実証実験では、センサーデバイス（生体と車載の2種類）、モバイルネットワーク、可視化ツール、人財特性（心）を組み合わせて実験を行った。これは事業会社を含め6社の連携で実現している[5]。

また、TDBCフォーラム2017では、会員各社の連携で実施した各種実証実験の取り組みについて、その概要を報告している。例えば、過去の故障診断データからの予知保全やヒヤリ・ハットのデータ、画像による安心・安全の取り組み、着衣型生体センサーを活用した眠気の検知や乗務員の体や心の健康のための実証実験など、デジタルだけでなくアナログ（体や心、健康、教育などの）な取り組みも積極的に行っている[6]。

また、運輸デジタルビジネス協議会では2017年度から数多くの課題に対して、よりスピードを持って解決していくために、重要テーマごとに7つのワーキンググループ（分科会）を立ち上げて、ワーキンググループ単位での活動もスタートしている。

この活動の成果は、2018年4月25日に開催した「TDBCフォーラム2018」で報告した。

国や運輸業界自体の人材不足への取り組み

すでに、最も人材不足が深刻になっている長距離（幹線）輸送においては、国による取り組みが始まっている。

[5] P＆J株式会社 取り組み事例（運輸デジタルビジネス協議会HPを参照）

[6] TDBCフォーラム2017資料（運輸デジタルビジネス協議会HPより）

中継輸送

例えば中継輸送だ。国土交通省は、平成27（2015）年度から28（2016）年度にかけて「中継輸送実証実験モデル事業」を実施しており、2017年3月には、中継輸送の実施に当たって検討すべき事項や必要となる資料等について解説した手引書「中継輸送の実施に当たって（実施の手引き）」【7】を作成し公開している。

その中で、「中継輸送とは、一人の運転者が一つの行程を担う働き方ではなく、一つの行程を複数人で分担する働き方です」として、「泊付きの長距離運行を複数のドライバーで中継することにより、各ドライバーが日帰りで勤務できるようになるなどの労務負担軽減が期待されます」と説明している。

また、モデル事業を通じて明らかになった、中継輸送の実施に当たっての具体的な課題を公開しており、「中継輸送を行うトラック事業者同士のマッチングの場が十分でないこと」等が挙げられている【8】。運輸デジタルビジネス協議会では、2017年度のワーキンググループの中の一つが、「企業を超えた効率化の実現」をテーマに活動しており、幹事会社の1社であるトランコム株式会社がグループリーダーとして推進、複数の運輸事業者とICT企業が参加している。

このワーキンググループでは、すでに7月から中継輸送の実証実験が始まっており、今後会員企業間での中継輸送の実証実験についても計画している。グループリーダーのトランコム株式会社は、求貨求車（空車情報と、荷物情報）のマッチングサービスを提供している。国土交通省の課題として指摘しているマッチングの場の創出を、運輸デジタルビジネス協議会やトラン

【7】「中継輸送の実施に当たって（実施の手引き）」平成29年3月 国土交通省自動車局貨物課（国土交通省HPより）

【8】ちなみに、その次は「事故削減」（安心・安全）、「予知保全」（安心・安全）と共通の課題が上位を占めた。それぞれ、ICT企業を含む参加者全体と、運輸事業者等とに分類して集計したが、ほぼ同じ傾向だった。

コム株式会社等の企業で実現できる可能性があるのではないかとの思いもある。

隊列輸送

その他にも、自動運転に近い技術を使い、トラックの隊列走行の取り組みも始まっている。隊列輸送とは、複数のトラックで隊列を作り、ドライバーが先頭車両にのみ乗車し、それ以降の車両は無人で走行するというもので、1人のドライバーでより多くの荷物を一度に運べるようにするという取り組みだ。

隊列輸送であれば、完全な自動運転において問題となる、事故が発生した場合の過失責任についての問題や、日本が批准しているジュネーブ条約（道路交通条約）の「車両には運転者がいなければならない」との規定についての問題を回避できる。また、高速道路を利用することで、歩行者がおらず、信号などもないため、技術的なハードルも低い。

日本でも国が支援して実現に向けた実証実験が行われているほか、Uber社が2016年8月に隊列走行の先進的な技術を持つOtto社を買収しているように、世界的にも研究開発が進んでいる。

運輸業界における自動運転やAIの受け止められ方

自動運転やロボット、最近ではAIがメディアなどで数多く取り上げられているが、自動化、効率化の一方で、自分たちの仕事を失ってしまうのではないかとの危機感もささやかれている。

製造現場ではこれまでも、ロボットの登場で効率化されてきた。しかし実際には無人工場は少なく、多くの現場では人との協働が実現している。運輸事業者は「自動運転」をどう見ているのだろうか。

自動運転および、それを支える技術としてのＡＩに対する運輸事業者の関心は高い。２０１７年４月20日に協議会が初の公開イベントとして開催した「ＴＤＢＣフォーラム２０１７」の参加者アンケート（有効回答数１９８人）でも、興味のあるテーマはとの問いに対し、「自動運転・ＡＩ」（システム）に興味があるとした人数が、約60％とトップだった。基調講演で、「自動運転・ＡＩ」を取り上げたこともあり、アンケートへの影響があった可能性はあるものの、やはり注目されていることは間違いない。

一方で自動運転に対し運輸事業者の中には、将来自分たちのビジネスを奪ってしまう競合者として考え、どちらかというとネガティブなイメージを持っている人も少なからず存在する。実際にＴＤＢＣ設立前の準備会の中で「自動運転」の議論に対して、慎重な姿勢を見せる方もいた。また、「ＴＤＢＣフォーラム２０１７」で、「運輸業界におけるＡＩ活用の取り組み〜車と人間のコミュニケーションによる安全、安心、エコの実現〜」というテーマで、ソフトバンク株式会社首席エバンジェリスト（当時）の中山五輪男氏の聴講者へのアンケートの中にも、「ＡＩの発達をあまり受け入れたくなく消極的でしたが、避けることのできない未来だということが良くわかりました。社員に対する気持ちは変えずに、未来に向け取り組みを始めないと、と思いました」という趣旨の回答が複数あり、改めて解決策としての「自動運転」の可能性について理解していただけたと感じた。おそらく、これが多くの運輸事業会社の経営者や社員の現時点の考え方だと思われる。

運輸業界における自動運転やAIの価値

運輸業界の人材不足は深刻だ。その解決方法の一つとして「自動運転」は、単に人材不足の解消だけではなく、さまざまな恩恵や価値を運輸事業会社およびそれに携わる人にも、もたらす可能性がある。

一般的に運輸業界における車両の利用年数が7年程度であることを考えると、車両の自動運転化は、徐々に進められていくだろう。また運輸事業者は運転以外の業務も多く行っており、現時点で人でしか行えない、人の方が良い業務も多く存在する。結果的に、長時間運転など、人よりも自動運転が適した業務は徐々に自動運転化され、人間は、人に適した業務に専念することで、より良いサービス提供ができるようになる可能性が高い。

例えば、人間がやるからこその価値があるサービスとして、以下が期待される。

- 高齢化や要支援者に対応するため、要介護者の自宅から病院や介護施設への送り迎えや外出のサポートや生活必需品のお届け（すでに、介護保険の適用が可能な介護保険タクシーも登場している）
- 高齢者、妊婦などが店舗などで購入した商品のお届けや買い物代行
- 本人に代わって贈り物をお届けする（単なる配達ではなく）など、より高いレベルのサービス提供

またこうした自動化によって就労者は、1泊2日での業務や不規則な業務、長時間労働など、

厳しい労働環境下での長時間運転から解放され、肉体的、精神的な健康への影響も減らすことができるようになる。

これまで現場では人に対する運行管理が行われてきたが、今後、自動運転を業務に組み込むためには、システムへの運行指示のような、従来の運転技術ではない新たな業務能力が求められるようになる。これらは、新たな人材の就労機会を生み出す。若い人材が、運輸事業に積極的に就労する機会創出にもつながる。

また、より安全な運行の実現も期待される。自動運転はさまざまなセンサーとAIなどの技術により実現する。結果的に人間が起こしてしまう思い違いや、勘違いによる判断ミス、操作ミス、過労や眠気、病気による事故などを無くしてしまうことができるようになる。

一方で、自動運転の技術は新しい技術であり、二重、三重のフェイルセーフが取り入れられる前提であっても、新たなリスクは皆無ではない。新たな安全対策のために、最初はドライバーと自動運転の二人三脚でのスタートが現実的だと思われる。

さらに、人材不足を補うだけでなくコスト面においても良い影響をもたらす可能性がある。運送事業の原価として、他業種と比較しても低賃金と言われている中で、例えばトラック運送事業の場合には、人件費が約4割と大きな比重を占めている。自動運転によるコスト削減を実現することで、運輸業界の低賃金、長時間労働という労働環境の改善につなげられる可能性がある。

以上のように、運輸事業者にとっても「自動運転」などの新しい技術に対する期待は高い。やはり重要なのは、自動運転が、運輸業界に携わる人の仕事を奪うものではないということだ。長時間運転など、人よりも自動運転が適した業務は徐々に自動運転化し、人間は、人に適した業務に専念することで、より良いサービス提供ができるようになると思う。

MaaS（Mobility as a Service）への期待

最近注目されているのが、MaaSと言われている移動のサービス化だ。これまでは、自家用車、電車、タクシー、バス、レンタカーなどの個別の交通手段を自分で選択し、目的基地に移動していたが、今後は統合されたサービスとして提供され、スマホアプリ等で検索・予約・決済が簡単にできるようになる。

一方で、公共交通機関は、少子高齢化の影響を受け、地方路線では毎年利用者が減ってきている。これまでは、運輸事業者の努力や国や自治体の補助金で運営してきたが、これも年々厳しくなってきており、自治体としてはコミュニティバスなどの運行によりなんとか維持している状況だ。

MaaSへの期待は、単に移動のサービス化にとどまらず、スマホアプリによる誰にでも利用しやすい環境を提供することでのインバウンドとの共存、その結果、観光などによる地方経済の活性化、さらに自動運転や無人運転による人材不足の解消やコスト削減、さらに貨客混載や地域物流による買い物弱者の支援など、持続可能なくらしの足として、公共交通のあるべき姿を地元と一体になって実現できるのではないかとの期待がある。

運輸デジタルビジネス協議会は、運輸業界の横断的な組織として、MaaSにおいても大きな貢献ができる可能性がある。実際に2018年度の「MaaSへの取り組み」ワーキンググループでは、自動運転も視野に入れた議論を行っている。将来の持続可能な公共交通を目指して、インバウンドを対象とした実証実験を行う予定だ。

最後に

先に協議会発起人として梅村明正氏を紹介させていただいたが、彼は2016年8月9日の設立総会の懇親会で、自らの協議会設立の熱い思いを述べられたあと、名古屋の自宅に戻られ、翌朝帰らぬ人となった。協議会の幹事や事務局、会員をはじめ、設立に携わった人たちは、その思いを引き継ぎ、運輸業界のためにという思いで日々活動している。

「自動運転」や今後の新しい技術と人とが連携することで、運輸業界をより安心、安全、健康でエコロジーな社会基盤に変革し、業界・社会に一層貢献できるようになることを期待する。

15　農業の自動化で人手不足は解消されるか

飯田聡

日本の農業の高齢化や担い手不足が注目されるようになってから久しい。担い手不足は、食料自給率の低下や農業資源の荒廃を招きかねず、食料安全保障の観点から問題視する声が上がっている。農林水産省は「スマート農業の実現に向けた研究会」を2013年に立ち上げ、先端技術を用いて超省力・高品質生産を実現する新たな農業を模索し始めた。自動運転を始めとするロボティクスやICTは、農業の人手不足にどう貢献することができるのだろうか。

日本の農業の現状と課題

日本の農業の特徴は、農地が中山間地に多く、農家一戸あたりの耕地面積も、一圃場あたりの面積も小さいことだ。また、圃場が分散しており、農家は離れた場所にある複数の小さな圃場を耕作しなくてはならないため手間がかかる。

しかし近年、農業人口が大幅に減少・高齢化する中、市町村の認定を受けた認定農業者など、「担い手」と呼ばれる農家への農地の集積・大規模化が進んでいる。2005（平成17）年には

・全体の家族経営体数が減少する中(平成22年で163万戸)、5ha以上層は増加。
なお、ある程度の規模になると法人化しているケースも多いとみられる。
・農地シェアで見ると、平成27年には、5ha以上層が家族経営全体の58%を占めるに至っている。

① 経営耕地面積規模別の家族経営体数

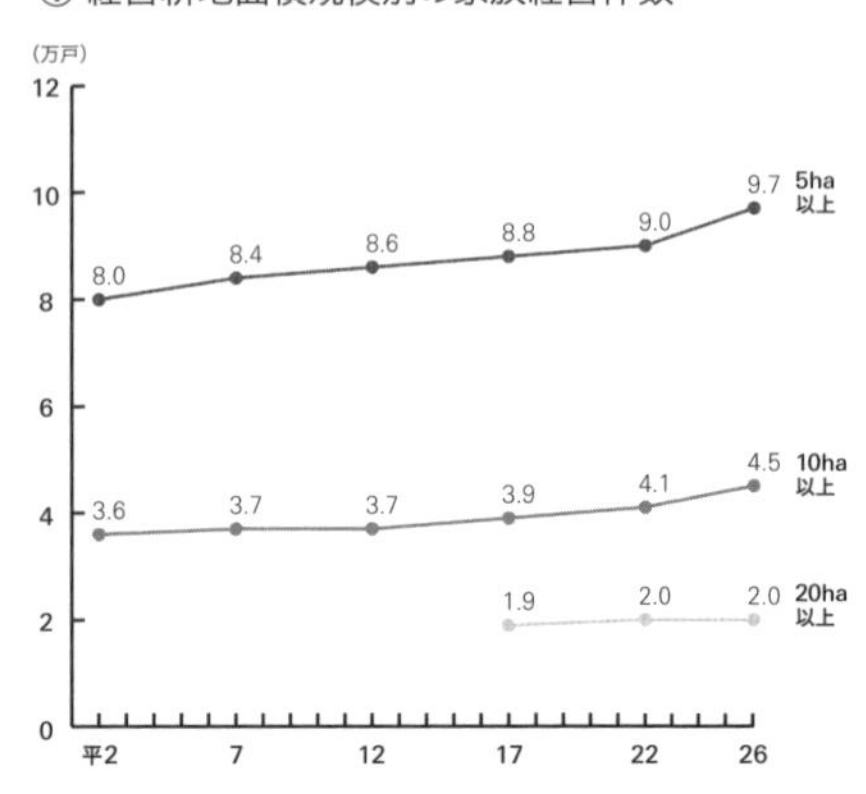

② 経営耕地面積規模別の農地集積割合

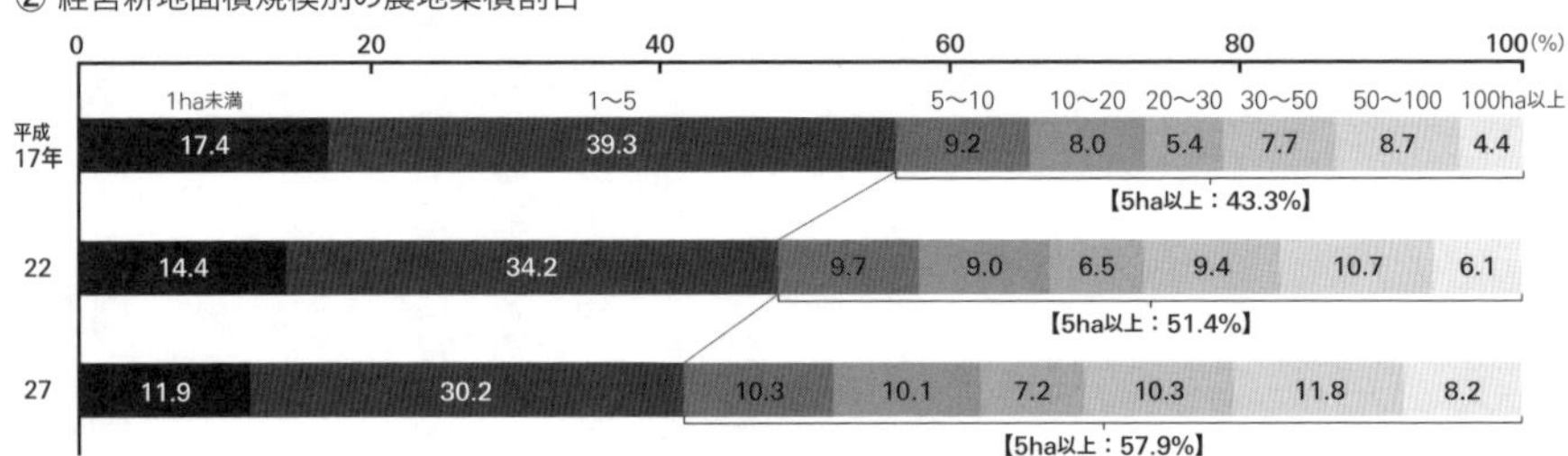

	平成2年	7	12	17	22	27
全家族経営体数(万戸)	297.1	265.1	233.7	196.3	163.1	134.4

【備考】
1.農林水産省統計部「農林業センサス」、「農業構造動態調査」(組替集計)により作成。
2.平成22年までは全数調査、26年はサンプル調査。
3.平成2年の集積割合は、各階層の販売農家数(2年)と平均経営耕地面積(7年)により推計。

[図1]進む農地集積
農林水産省平成26年度「農業の持続的な発展に関する施策および『2015年農林業センサス』」より編集部作成

全耕地面積の43・3％だった5ヘクタール以上の大規模農家は、2015（平成27）年には57・9％に上昇した【図1】。農林水産省は、今後も担い手農家への農地集積を進め、2023年までに農地の80％を担い手農家が利用するよう計画している。

担い手農家は、分散したうえに性質の異なる多数の圃場を同時に管理する難しさに直面している。また、これまでの個人経営の農家と異なり数人の従業員を雇用する例も増えているため、従業員のマネジメント、複数人の間での圃場や作業の情報共有、農業機械の扱いなどの技術伝承が喫緊の課題となっている。

複数の圃場を効率的に管理するためには、データ農業によって圃場の情報を一元的に管理し、PDCAを回してビジネスとして農業を行う必要がある。そのためのソリューションとしてクボタが提供しているのが、クボタスマートアグリシステム（KSAS）や、経験の浅い作業員でも効率よくより正確に作業することができる運転アシスト機能や自動運転機能を搭載した農機だ。

スマート農業をどう実現するか

農林水産省が2013年に組織した「スマート農業の実現に向けた研究会」は、農業の将来像として5つのポイントを挙げている。

① 超省力・大規模生産を実現

② 作物の能力を最大限に発揮（精密農業）

飯田聡（いいだ・さとし）
株式会社クボタ取締役専務執行役員、研究開発本部長（2017年8月現在）。1980年に久保田鉄工（現株式会社クボタ）に入社し、トラクタ技術部第二開発室長、建設機械技術部長、建設機械事業部長、クボタヨーロッパS.A.S.（フランス）社長、クボタトラクターCorp.（アメリカ）社長、機械海外本部長、農業機械総合事業部長、研究開発本部長、取締役専務執行役員を経て、2018年特別技術顧問。

③　きつい作業、危険な作業から解放
④　誰もが取り組みやすい農業を実現
⑤　消費者・実需者に安心と信頼を提供

私たちは特に、①超省力・大規模生産を実現、②作物の能力を最大限に発揮（精密農業）、③きつい作業からの解放に注力しており、これを目指すことが、誰もが取り組みやすい農業、消費者の安心につながると考えている。

農業機械の自動化・無人化

自動運転と農業がもっとも密接に関わっているのが、ビークルオートメーションの分野だろう。クボタでは農林水産省の定義のもと農業機械の自動化・無人化の開発ステップとして、【図2】の3段階の進化の過程を

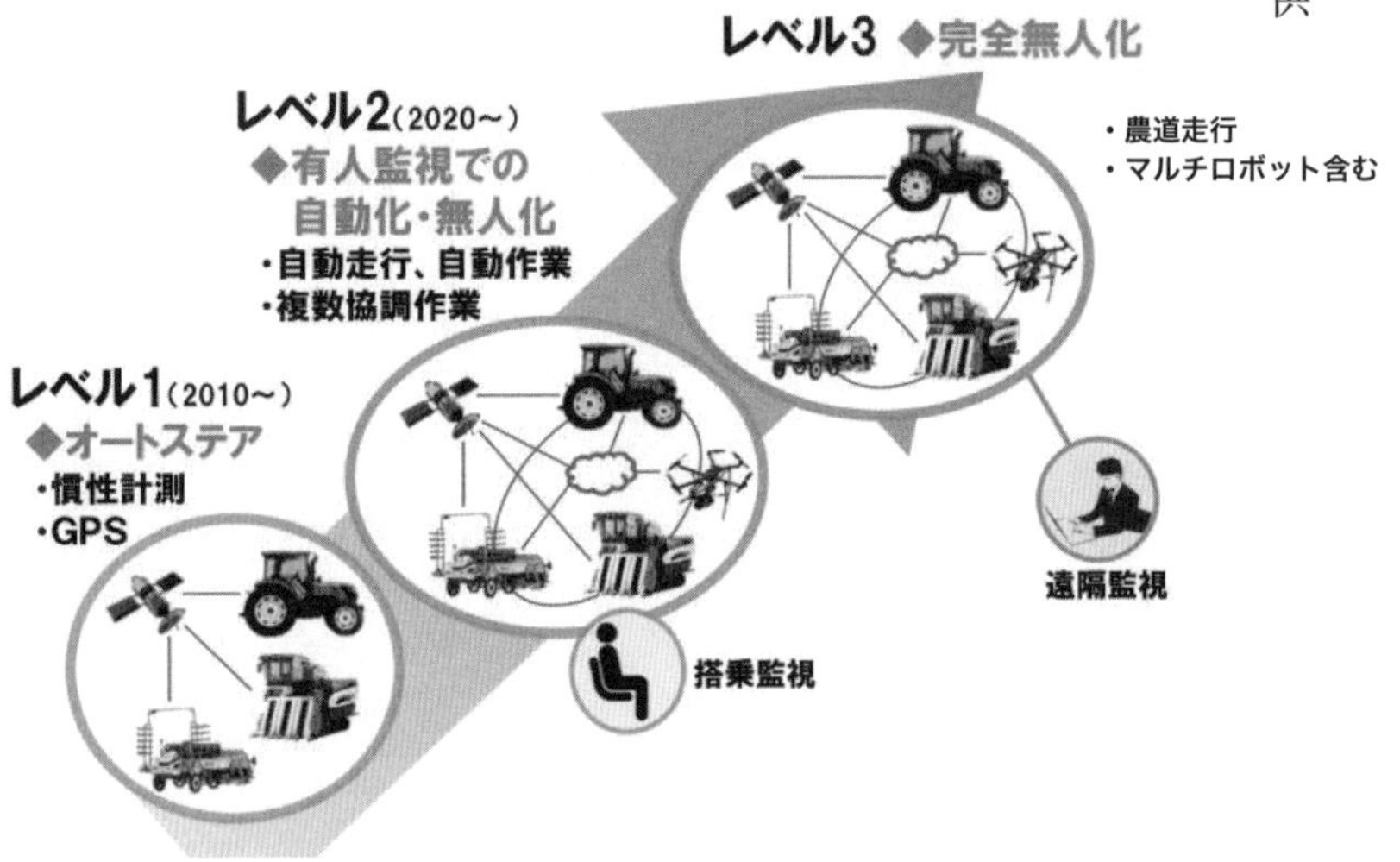

[図2]自動・無人化農機の開発
／著者提供

想定している。

現段階では、自動車の運転支援システムのような形で、GPSによるオートステアリング（自動操舵）を搭載し自動的に直進するトラクタや田植機を発売している（レベル1）。また2017年6月には有人監視下での高精度な無人運転を行う自動運転トラクタのモニター販売を開始し、2020年の本格販売を目指している（レベル2）。機械同士の協調も進み、自動車でいうコネクテッドカーのような形で、効率的な複数協調作業が可能になるだろう。その先に見えるのは、人間の遠隔監視による農作業の完全無人化だ。人は屋内で進捗を管理し、離れた圃場では設定したとおりの作業を農機がしているという未来を目指している（レベル3）。

オートステアリングを搭載したトラクタ【図3】は2015年からフランスの工場で生産開始

[図3]
上から順にオートステア搭載トラクタ、
直進キープ機能付田植機、アグリロボトラクタ
／著者提供

し、欧州の小麦や大豆、トウモロコシなどの畑作市場に日本メーカーとして初めて参入した。

２０１６年秋には、直進キープ機能付田植機を販売開始した。水田での直進は、熟練者でも難しく、作業ストレスが大きい。この田植機は、D-GPS（補正情報利用式中波帯GPS）ユニットとIMU（姿勢計測ユニット）を組み合わせて検知した情報をもとに、操舵用のモーターを高精度に自動制御して直進する。あぜに近づくと自動で停止する機能など安全面にも配慮することで、雇用したての初心者でも短期間のトレーニングで高精度の田植えができるようになった。また、直進走行に集中する必要がなくなり作業ストレスが軽減できるほか、植え付け中に苗や肥料を監視するなど、他の作業ができるようになった。

２０１７年６月にモニター販売を開始した自動運転トラクタでは、RTK-GPSを用いた高精度な無人運転を有人監視下で実現した。更に、無人機と有人機を使用した作業者１人による２台協調運転も可能となっている。オートステアの搭載により、搭乗時にも高精度な直進作業ができるほか、４台のカメラ、レーザースキャナ、超音波ソナーを使用した多彩な安全機能も装備している。

完全自動化に向けたトラクタや田植機、コンバインの開発も進めている。自動運転農機と一般的な自動車との違いは、不整地走行をすることと、走行しながら作業を行うことだ。傾斜や凹凸、ぬかるみにも対応して走行しながら、稲を刈る、苗を植える、耕深を調整するなどの作業も自動的かつ高精度にする必要がある。

さらに田植機なら苗を補充するために、コンバインならタンクいっぱいになった収穫物をトラックに移しかえるために自動であぜ際に向かい、さらに最適な経路をとって作業に復帰するようなことも目指している。

現在は、準天頂衛星による高精度な位置把握や、直接通信による自動運転の監視、農機稼働情報の収集・分析も進めている。農機の自動運転完全無人化を実現するためには、画像情報や農機稼働情報の遅延のないやり取りが必要になるため、農機の直接通信や5G通信による通信の高速化が必要となる。

このように、ユーザーの手間を監視のみに減らし、いずれは監視も遠隔で可能になるように開発を進めている。

IoTによる営農支援

交通分野ではビッグデータの解析が革新的なサービスを生むと期待されているが、農業でもICTを用いて作業情報・作物情報を活用することによる収量増加や付加価値の向上が期待されている。

クボタはクボタスマートアグリシステム（KSAS）と呼ばれる営農支援システムを提供している。稲の収穫作業時にコンバインに搭載したセンサーがタンパク質や水分量を測定し、そのデータを解析することで、それぞれの圃場に合った肥料の種類や散布量を計画することが可能だ。作業者のスマートフォンとWi-Fiで接続した農業機械が、自動で肥料の散布量を調整してくれるため、誰でも簡単に計画的な施肥ができる。こうしてPDCAを回すことが、農業を儲かるビジネスにしていくのだ。

また、データ連携を拡張し、気象情報会社からの天候情報や、農地に設置したフィールドセンサーからの水位や地温、水温などの環境情報、及びリモートセンシングによる生育情報（葉色、

NDVI）などのデータの収集ができるようにして、さらに精緻な栽培管理（最適な施肥、施薬、水管理）を行っていく。

将来的にはAIなどの技術を使い、最適な営農計画の提案やコスト・生産性分析など、高度な営農支援システムの確立を目指していく。なお、農地に設置したフィールドセンサーからの情報収集には、LPWA（Low Power Wide Area：省電力広域無線通信技術）などの低コスト通信が必要となる。

日本の農業のこれから

日本の農業は大きな転換点を迎えている。農地の集積が進み、担い手農家はより広い農地を同時に耕作しなくてはならなくなっている。農業の大規模化にともなって、これまで勘と経験を武器にやってきた農家も、センシングと通信を活用してPDCAを回すことの必要性を感じるようになってきた。補助金に頼っている農業を、儲かるビジネスに変えていくためには、ここまで述べてきたような形で効率化を図り、フードバリューチェーンを考慮して生産物を管理することが必要だ。

自動運転農機の普及の障壁となるのは導入コストの高さだ。乗用自動車については、今後シェアリングが進むと言われているが、農業機械のシェアリングサービス、リースサービスは難しい。農業には季節性があるため、借り手の需要は一定期間に集中するからだ。また、農業は天候に左右される。「明後日から雨が続きそうだから予定を前倒しして明日コンバインで刈り取ろう」ということに対応するのは、シェアリングサービスでは難しい。

自動・無人化された農機の普及のためには、機能面・安全面といった製品開発だけでなく、GPSや通信、圃場の集約化、区画整理等のインフラ整備、さらには、農家が導入しやすいよう国が政策として導入資金の補助を行うことも必要だ。自動運転農機は、日本だけで必要なものではない。中国やタイでも都会化によって農業人口が減っており、自動化のニーズは今後も増え続けるだろう。日本は、農業の課題先進国として、これらの国にソリューションを提供することも今後は考えていくべきだろう。

もちろん、農業には人の手をかけたほうが良いものができる分野もあり、一概に全て自動が良いとは言えない。「少しでも良い野菜を」という食材へのこだわりは職人のようでもあり、また、手がかかっていることの価値を評価する消費者や飲食店も多い。そのような高機能食材の分野でも、将来的にデータ農業がより活躍・貢献することも期待しつつ、ビジネスとして農業を効率化したい農家を今後も支えていきたい。

１９５０年代、多くの農家は人の力と、牛などの畜力とで田畑を耕していた。しかし、今ではトラクタのない農業を考えることはできない。数十年後、現代を振り返って、「データ活用のない農業なんて考えられない」「自動運転農機のない農業なんて考えられない」という時代が来るだろう。これは避けられない流れだと考える。

16 新時代のモビリティを電力事業から考える

志村雄一郎

新しい社会構造を考えるうえで、環境保全や省エネの視点は不可欠である。では、自動運転車に最適なエネルギーは何か。またそれはどのように供給されるべきか。電気自動車が急速に増えてきている社会において、日本が再び自動車ビジネスで覇権を握るにはどのようなアプローチが必要なのか。電力会社の発展をヒントに考える。

新時代のモビリティに最適な電動車

自動車の自動運転実現に向けて、電気自動車（以下、電動車）【1】の普及に対する期待は高い。これは自動車会社のある幹部が「電気自動車は内燃機関車両よりも、高精度に車両の動作を制御することができ、自動運転に適している」と述べたように、電気系は機械系に比べて制御の時間遅れが小さく、細やかな制御の実現が可能であり、自動運転との親和性が高いためである。

さらに、電気系が主である電動車（電動モーターで走行する自動車、電気自動車やプラグインハイブリッド車）そのものは、自動走行といった観点だけでなく、エネルギーや環境保護の観点からも期待されている。運輸部門は産業などの他の部門に比べ、化石燃料から再生可能エネルギーへのエネルギーシフトが遅れているためだ。

【1】ガソリンエンジンやディーゼルエンジンなどの内燃機関を必要とせず、電気で動くモーターを搭載した自動車。

しかしながら、いまだ日本での電動車の普及は本格化しているとはいえない。日本での2030年に向けた電動車の販売比率が20〜30％（経済産業省「EV・PHVロードマップ」）であるのに対して、現状は1％程度であることからも明らかで、電動車の普及に向けた課題の解決は引き続き望まれている。

本章では、今後、再生可能エネルギーが普及する中で起きる電動車ならびにそれを支える電力システムにおける変化を紹介し、それに対応する電力事業のこれまでの進展と今後の展望から、電動車の普及の新たな可能性について記す。

ノルウェーの成功事例：電動車の普及は可能

電気自動車は技術開発が進んだリチウムイオン電池を用いても、依然として従来の内燃機関自動車よりも一回のエネルギー充填で走行可能な距離が短いことから、その大量普及は困難との見方が根強くあるのも事実である。しかし、そのような見方を覆す事実として、現状の電気自動車でも普及が可能なことが、近年のノルウェーでの電気自動車の成功事例から明らかになった。

ノルウェーでは、2014年に日本製の電気自動車（日産リーフ）が、数ある内燃機関自動車を押しやり、新車の販売台数で乗用車のベストセラーとなった。その後も、新車販売の20％以上を電気自動車が占めるに至っている。この高い電気自動車の販売シェアは、日本の2030年の電動車普及目標をすでに達してしまった状況にある。

電気自動車がノルウェーでここまで選好される大きな理由は、電気自動車の優れた経済性

志村雄一郎（しむら・ゆういちろう）
株式会社三菱総合研究所環境・エネルギー事業本部スマートコミュニティグループ主席研究員。
環境・資源・エネルギーに関する研究を行い、「各国の事例から見る電動車普及のソリューション」などをテーマに講演等を実施。著書に『スマートグリッド教科書』（共著、インプレス社）がある。

にある。ノルウェーでは自動車の車両価格に対して、同等以上の税金が課されており、自動車の購入価格は高い。その状況で、電気自動車の車両に対する課税を減免するなどして、従来の内燃機関自動車よりも安価に購入できるようにし、さらに有料道路の使用料の免除等の様々な経済性の優遇を実施した結果、ガソリン車やディーゼル車を利用するよりも、電気自動車を利用する方がライフサイクルの経済性に優れる状況となっている。このような優れた経済性が実現しているのは、同じ北欧でもノルウェーだけであり、したがってスウェーデンやデンマークでの電気自動車の普及率はそこまで高くない。この事例から、ユーザーのメリットが拡大するような経済的な施策があれば、現状の電気自動車の性能でも普及は可能であることが実世界で明らかになりつつあるものの、どのようにしてそれを持続させるかは課題である。

解決の鍵を握る電動車の新たな価値

現在の日本での電動車の販売シェアは1％以下であり、これを2030年の目標比率である20～30％にするにはどうしたらいいのか。確かに高価格のスポーティな電気自動車の販売は好調である。しかし、電動車を大量に普及させるためには販売台数の多い大衆車の電動化が必要であり、そのためにはユーザーのメリットが拡大するような施策が必要だ。ノルウェーのように電気自動車に対する極端な税制優遇を実施することは、国内に自動車製造業のある日本では困難である。また、政府による車両の購入補助を永続的に実施するのは現実的ではない。となると、自動車ユーザーが新たな何らかの経済的なインセンティブを得られるような仕組みを作っていくことが必要である。これに対して、日本国内では唯一の決定打が存在するわけではなく、いくつかの組み合わせが必要になってくるであろう。例えば、蓄電池等のコンポーネントのコストダウンといったアプローチにも期待できるが、それだけでなく電力システムと電動車の統合といった新しいアプローチにいま注目が集まっている。

この背景には、再生可能エネルギーと分散電源の普及という大きな社会変化がある。太陽光発電や風力発電のように発電量の調整を計画的にできないものが、分散電源として電力系統に連系しだすと、電力の需給について何らかの調整力が必要になる。そこに電動車の普及のためのチャンスがある。

電力システムの大きな変化に伴う電動車普及のチャンス

なぜ、再生可能エネルギーの普及に伴い、電力系統において蓄電機能のような新たな調整力が必要になるのか。それは、電力システムは常に需要と供給を一致させなければならないからであり、その調整が不十分だと電力の周波数が定格から逸脱し、最悪の場合は停電が発生することもある。この需給調整には、これまでは火力発電機を用いていたが、たまにしか稼働しない利用頻度の低いこうした火力発電機を系統運用のために用いることは、電力システムの運用の効率化の観点から適していない。

そこで、このような調整力を電力システム側としては自前ではなく、第三者から調達しようとする動きが進んでいる。その際に、再生可能エネルギーの発電量の変化は急峻であることから、従来の発電機よりも応答速度が速い蓄電池の活用が期待されている。車載用の蓄電池は、走行のために用いていない時間にその充放電機能を提供することが可能なため、初期投資額の観点から、定置用蓄電池よりも有利になる。言ってみれば、空いている時間帯に部屋を旅行者にパートタイムで貸す民泊コーディネーターのようなものだ。民泊におけるAirbnbのような仲介事業が、第三者の使っていない資産を束ねて有効活用し、電力の需要と供給のギャップを一致させるようなサービスが電気事業でも生まれつつある。電力の場合、小口の設備を、系統運用者向けに束ねて大きな容量として提供する。この束ねるプレイヤーをアグリゲーターとよび、そのようなビジネスをアグリゲーションと呼ぶ。

すでにオランダ等では電動車の充電機能を活用して、再生可能エネルギー由来の電力が余剰になり周波数が上がってしまうような場合に、優先的に電動車の蓄電池への充電を行うスマート充電をアグリゲーション【2】する試みが始まっている。このアグリゲーターは、束ねた蓄電機能（電力容量）を電力市場で入札し、電力の需給調整に貢献することで収益を得て、その収益の一部を電動車ユーザーにも還元している。米国のカリフォルニアでも、電動車の充電器を制御することで電力需給を調整し、その対価を電動車ユーザーがアグリゲーターを介して得ることができるようになりつつある。

電動車と電力システムの統合に必要なこと

電動車の新たな価値を電力システムに提供して、電動車ユーザーに経済的なインセンティブを還元するためには、つながる先の電力システムの高度化と、システム間の効果的な連携が必要だ。

電力システムの高度化は、最近、スマートグリッドという呼び方で、特に欧米で進んでいる。

【2】情報等を集約すること。特定の場所に集めること。

多様なセンサーからの情報を統合して活用する技術（ＩｏＴ）が電力系統にも導入され、電力システムでデジタル化が進んでいるのだ。日本でもスマートメーターの導入が数年前から開始された。

実はこのような電力系統の高度化技術は、２０００年前後の時点では日本は欧米よりも進んでいた。例えば配電自動化技術を世界に先駆けて導入することで、停電時間が短く信頼度の高い電力系統を誇っていた。さらにその後も、高度なマイクログリッド【3】等の開発に日本企業は着手し、産官学で連携して実証を行い、スマートコミュニティ関連の実証へ展開された。

このような新しい技術の開発ができたのは、日本の電気事業において、地域独占の垂直統合型の電力会社が、日本のメーカーと共同研究できる協力体制を築けたことによる。電力会社はメーカーと共同研究し実証すれば、すでに検証した技術を実装できるので安心でき、メーカーは共同研究をすることで、先行して開発してその後の市場を確実に確保できるといった双方にメリットのある方策であった。それができた理由は、設備投資の費用を電気料金に転嫁が可能な総括原価方式を採用していたからだ。開発段階からの厚い信用により、新しい技術の導入が可能だったのである。

ただし、こうしたスマートグリッド分野において日本企業の技術は世界市場において必ずしも大きなシェアを得ているわけではなく、欧米企業の後塵を拝している。

多様なシステムを統合するような複雑なシステム構築において、日本の企業は、ユーザーとなる国内の電力会社の個別の仕様にあわせて開発するのが一般的で、あくまでも自国市場を念頭においており、標準化といった考え方を採用しなかったことに一因があるのではないかと考えられる。

【3】小規模な電源で地域内の電力需給を最適化するシステム。消費者生活圏の近くに設営できる。

欧米企業による追い上げ

これに対して欧米は、数百を超える電力会社が存在する国もあり、日本ほどは電力会社とメーカーが一体となって開発することなく、メーカー主導での開発が進められていた。さらに米国では電力自由化により、最小限の投資で最大限の利益を上げようとする電力会社を取り巻く環境の違いもあり、なかなか最先端の技術導入は進まなかった。しかし欧米企業は技術の標準化で追い上げる。メーカーは、標準化と技術開発を並行して進め、積極的に自社の技術を国際標準化した。さらにメーカーにとって新たな顧客となる新興国の電力会社に対しては、国際標準に準拠した製品の調達を促し、先行して開発し、国際標準化したシステムを販売していったのである。

このような標準化のアプローチで重要なのは機器単体よりも、システム間のインタフェースのあり方である。製品単体の性能や機能の優位性を示すのではなく、様々な製品を組み合わせたシステムがいかに機能するのかを、わかりやすい形で示す手法（システムアプローチ）を効果的に用いる。このような標準化を目指すシステムアプローチは、重電機業界では欧米でも当初は一般的ではなく、他業界、例えばＩＴ業界や通信業界からもたらされた考え方である。欧米では、電力業界よりも先行して自由化された通信業界や、金融業界で活躍したシステムインテグレーターが、２０００年以降に電力システム分野に本格的に参入したため、システムアプローチのような新たな考え方がエネルギー業界に組み込まれた。ステークホルダー間のやりとりを定型的に示すユースケースを作成し、それに伴い個々のコンポーネント間のやりとりを定め、そこを標準化していくことになったのである。

こうしたデジタル化の良い点は、それまでは徐々に導入されて技術が進展していったところを、いきなり最新技術の導入ができることである。たとえば、アフリカでは固定電話が設置される前に携帯電話が普及したように、新興国においては、それまでの旧型のシステムから、いきなり最新鋭のデジタル技術の導入を進めることが可能であった。このチャンスを欧米企業は活用した。欧米企業は、個別技術の優秀さを誇る日本に対して、システムアプローチによってシステムとしてどのような機能の実現が必要で、そのために必要なコンポーネントの組み合わせを説明することで、顧客の理解を得て市場を獲得していった。

異なるシステム間を連携するような複雑なシステムを構築する際には、システムとシステムの間をいかにつなげるかが課題となる。その点においても欧米企業は、自社の技術を用いれば、システムへの統合が容易であることを強調するために、そのつながりやすさ（相互運用性）に関する標準化も主導的に進めた。そのような標準化活動に参加している企業は、標準化の動きを踏まえて先行した機器開発が可能となり、他社よりも早期につながりやすい機器を市場投入でき、市場シェアの拡大に成功した。

では、このようなスマートグリッド分野での欧米のアプローチは、今後も磐石なのだろうか。実は、この勝利の方程式はある前提に基づくものであり、電動車を活用するような新しい課題解決には、別のアプローチが必要になってくる可能性がある。

新たなビジネスのルールとは

これまでのスマートグリッドビジネスの大前提は、既存のシステムのデジタル化である。必要とされている機能、あるいは何をしたいかは、かなり明らかであり、それをいかに実現するかを、ＩＴ業界や通信業界で培ったシステムアプローチの考え方で、関係者に対してわかりやすく具体化し、コンセンサスを得て、導入を進めていく。別の言い方をすれば、すべて電力会社の中での議論であり、例えば、これまでのアナログメーターをデジタル化したスマートメーターに代替する、あるいは、配電網の不具合を検知するのにそれまで使用していた機能を、デジタル技術で実現するといった具合である。

もちろん、こうした電力系統のデジタル化に伴うビジネスチャンスはまだまだあるので、欧米企業の優位性は依然として揺るがない部分もある。しかしながら、今、新たな課題として生じている再生可能エネルギーの大量導入に伴う課題解決は、従来のように電力会社だけで解決するのではなく、他の業界の関係者を巻き込んで、第三者からのサービス提供もうまく活用しながら進めていくことが必要になる。特に、これまでは電力を消費するだけであった需要家が、分散電源を設置することにより新たなサービス提供側になることの違いは大きい。電力システムの運用にはこうした資源をうまく活用していくことが望まれる。これは電動車を電力システムで活用する場合にもいえることである。

そうした際に、２０００年以降に欧米企業がとってきたように、標準化を進めて、標準を活用して市場を獲得するアプローチをとるのは困難になってくることが予想される。電動車の場合、その蓄電池をどう活用するか、車のユーザー側の知見と、電力システム側の知見の双方が必要となり、試行錯誤で、あらたに有効な機能を探していくことが必要になるからだ。

これまでのように一部の関係者だけで必要性を予見し、機能を先行して標準化するといったアプローチは難しくなる。実現可能な機能を探り、その機能を経済価値に転換する新しいビジネスモデルを検証するために、様々な関係者が参加できるような場をつくり、その場において、試行錯誤しながら、どのようなサービス提供が効果的か、誰よりも先に検証していくことが求められる。シリコンバレーのソフトウェア産業で行っているような試行錯誤の小回りのきくアプローチが、電力システムの分野でも必要になってきているのだ。

米国や欧州の一部では、小回りのきくスタートアップ企業が、新たな機能を探索するために、率先して電動車を活用した実証試験を開始している。これらの企業では、技術の標準化にはあまり関心がない企業が多く、様々な関係者を巻き込んで、新たな電動車の使い方（ユースケース）を探索し、それによるサービスが効果的かどうかを誰よりも先に検証することに注力している。これまでの電力システム分野は、変化の少ないビジネスと捉えられてきたが、再生可能エネルギーの大量導入に伴い内外で大きな変化が起こり、電力ビジネスも様変わりしてきたのである。

モビリティを活用した新たなビジネスの実現に向けて

では今後、電動車のような新しいモビリティの普及に向けて何が重要なのだろうか。ここで留意しなければならないのは、電力システムと電動車の統合を考える場合、電力システムは規制やルールが地域によって異なる点である。肝心のビジネスモデルは、この地域性が反映するルールに大きく依存する。

この点、幸いなことに、日本では現在、電力システム改革に伴う新たなルール作りを検討しているところである。このルール作りとリンクして、新たなビジネスモデルの検証をするために、モビリティを活用した実証試験が望まれる。

一部では、すでに新しい実証も始まっている。例えば、新たな電力取引のための市場設置といったルール作りと合わせて、需要家の電源を束ねてこれを調整力として活用するようなバーチャルパワープラント（VPP）の実証試験である。欧米でも同様に実証試験は行われている。そこでは、ルールを変えることで生じる新たなビジネスモデルの創出を意識した技術実証を、多様な関係者を巻き込んで進めていくことが重要である。

なお、サービスの運用という面では、これまでに日本の電力会社は、欧米にはないきめ細やかな運用を実施してきた。このような運用技術を、あらたなビジネスモデル開発に活かしていくことは、日本の強みとなりうる。その可能性に大いに期待したい。

おわりに

私たちの社会は人と物が移動することで成り立っている。人間は太古の昔から、移動して他者と出会うことでコミュニティを維持・拡大し、物を移動させ贈与・交換することで文化的な生活を送ってきた。帝国全体に街道を張り巡らせ広大な経済圏を成した古代ローマ帝国や、卓越した騎馬技術で広くユーラシア大陸に拡大したモンゴル帝国を見れば、モビリティにまつわる技術が人間社会にどれほど深く影響を与えるかが推察される。

現代社会を織りなす町並みや都市の構造、国土を覆う交通インフラは、歩行者や自動車、鉄道といった自動運転でないモビリティ（移動体）が、人と物の移動を担う想定のもとで作られてきた。そして、私たちのライフスタイルや価値観も、そのようなハードウェアの前提とした暮らしの中で構築されてきたと言える。自動運転によって社会の基盤となっているモビリティが変化したとき、私たちの社会はどのように変化するのか、またその影響を私たちはどのようにコントロールしていけばよいのか、そういった問題意識から本書は作られた。参加した著者たちは、それぞれの専門性から自動運転による社会変化を論じることで、読者の未来洞察への一助になることを願って各章を執筆した。本書を通して視界が開けるような気づきが得られることを願っている。

インターネットの誕生から50年が経ち、それがテキストデータを移動させるだけの「便利な手紙」でなかったことが明らかになった。インターネットは情報を伝えるための限界費用を下げ、出版やテレビ、新聞といった情報を商品として扱う業界だけでなく、全ての産業に劇的な変革をもたらした。さらには、プライバシーや友人観、自己実現のあり方といった、私たちの価値観にも影響を与えている。それは新しい社会問題を生み出した一方、多様な「幸せ」の選択肢を私たちに提供するようにもなった。

約40年前のインターネット黎明期に今の生活を予測することができなかったのと同じように、現代の私たちが自動運転の普及した未来を想像することは難しい。インターネットが「便利な手紙」でなかったように自動運転が単なる「便利なクルマ」でないならば、それは私たちの未来にどのような変化をもたらすのだろうか。どのような未来であれば、自動運転は人を幸せにするのだろうか。

2019年1月「モビリティと人の未来」編集部

本書は、ウェブサイト「自動運転の論点」に寄稿された論考に、
書き下ろし論考を加え編集したものです。

モビリティと人の未来
自動運転は人を幸せにするか

発行日 ——— 2019年2月8日　初版第1刷

企　画 ——— 竹田 茂（スタイル株式会社）
編　集 ——— 「モビリティと人の未来」編集部
今井章博
大川祥子
須田英太郎

発行者 ——— 下中美都
発行所 ——— 株式会社 平凡社
東京都千代田区神田神保町3-29
〒101-0051　振替00180-0-29639
電話 03(3230)6582[編集]　03(3230)6573[営業]
ホームページ http://www.heibonsha.co.jp/

ブックデザイン ——— 美柑和俊+MIKAN DESIGN
印刷・製本 ——— 株式会社東京印書館

ISBN978-4-582-53226-5　NDC分類番号537
A5判(21.0 cm)　総ページ240